水利青年科技英才资助项目

南水北调中线工程特殊输水期调度运行关键技术

陈晓楠　张　召　靳燕国　任炜辰　李明新　高　森　李立群　著

黄河水利出版社

·郑州·

内 容 提 要

南水北调工程事关战略全局、事关长远发展、事关人民福祉,是实现我国水资源优化配置的战略性基础设施。南水北调中线工程自 2014 年 12 月全线通水以来,截至 2024 年 3 月已持续运行 9 年多,综合效益十分显著,而安全、平稳的调度运行是效益发挥的关键保障。本书以南水北调中线工程为研究对象,重点针对汛期、冰期等特殊输水期,面向汛期多维扰动影响下的工程适应性调控、冰期冰害风险干扰下的输水能力提升两大问题,介绍中线总干渠特殊输水期调度运行技术,包括长距离明渠水情监测数据治理及非恒定流精准模拟技术、汛期降雨扰动下的水量水力协同优化调控技术、冰期冰害防控约束下的输水能力提升技术,以及信息-指令-业务多流程跨层级协同管控模式四方面内容。

本书可供水利工程相关专业的科研和管理人员、师生阅读参考。

图书在版编目(CIP)数据

南水北调中线工程特殊输水期调度运行关键技术/陈晓楠等著. —郑州:黄河水利出版社,2024.4
ISBN 978-7-5509-3857-1

Ⅰ.①南… Ⅱ.①陈… Ⅲ.①南水北调-水利工程-输水-研究 Ⅳ.①TV672

中国国家版本馆 CIP 数据核字(2024)第 075278 号

组稿编辑:王志宽 电话:0371-66024331 E-mail:278773941@qq.com

责任编辑	乔韵青	责任校对	杨秀英
封面设计	黄瑞宁	责任监制	常红昕

出版发行 黄河水利出版社
地址:河南省郑州市顺河路 49 号 邮政编码:450003
网址:www.yrcp.com E-mail:hhslcbs@126.com
发行部电话:0371-66020550
承印单位 河南瑞之光印刷股份有限公司
开   本 787 mm×1 092 mm 1/16
印   张 12
字   数 280 千字
版次印次 2024 年 4 月第 1 版 2024 年 4 月第 1 次印刷

定   价 96.00 元

前　言

　　南水北调中线工程自丹江口水库引水,靠重力自流沿线向河南、河北、天津、北京四省(市)供水,输水线路长、调控元件多、渠道调蓄空间小、运行工况复杂,且目前沿线无调蓄水库,输水调度要求高。南水北调中线工程全天候 24 h 调度运行,特别是在汛期频繁降雨和冰期极寒天气影响下的特殊输水期,进一步增大了输水调度难度。汛期在局地突发暴雨、地下水位变化、生态补水调整较大等多重不确定性扰动影响下,调度边界条件变化频繁,水力响应要求很高。冰期在极寒天气条件下,渠道表面逐步形成流冰、冰盖,水力调控非常严格,一旦调度不当将可能产生冰塞、冰坝风险。此外,通过综合措施提升冰期输水能力是增加供水效益、缓解冬季沿线供需矛盾的关键。为解决南水北调中线工程在汛期、冰期等特殊输水期的调度运行难题,在前期大量科研攻关下,形成了南水北调中线工程特殊输水期调度运行关键技术,为强化南水北调中线工程全天候供水安全保障,充分发挥社会、经济、生态环境效益提供支撑。

　　本书对上述技术进行介绍,共分为 6 章,其中第 1 章由陈晓楠、李立群撰写,对本技术进行了总体概述;第 2 章由张召、任炜辰撰写,面向精准感知,介绍了长距离明渠水情监测数据治理及非恒定流精准模拟技术;第 3 章由靳燕国、李立群撰写,面向汛期调度,介绍了汛期降雨扰动下水量水力协同优化调控技术;第 4 章由靳燕国撰写,面向冰期调控,介绍了冰害防控约束下的冰期输水能力提升方法;第 5 章由李明新、高淼撰写,面向高效管控,介绍了信息-指令-业务多流程跨层级协同管控模式;第 6 章由任炜辰撰写,对全书进行了总结并提出建议;全书由陈晓楠、李立群统稿。在撰写过程中,王艺霖、顾起豪、李月强、庞博、刘玉欣等人参与了校对、绘图等相关工作,在此表示感谢。

　　本书受到"水利青年科技英才资助项目"的支持,限于作者认知水平,书中不免存在一些缺陷及错误,敬请读者批评指正。

作　者

2024 年 3 月

目 录

第 1 章　绪　论

1.1　研究背景及意义

我国是世界上 13 个严重缺水国家之一,水资源短缺问题尤为突出。我国多年平均水资源总量高达 2.8 万亿 m^3,居全球第 6 位,但是人均水资源量只有 2 100 m^3,仅为世界平均水平的 1/4。同时,受季风气候和海陆因素影响,我国水资源在地区分布和时间分配上呈现显著的不均衡性。南方水多、北方水少是我国水资源空间分布的基本特点。近年来,随着我国经济社会的快速发展,水资源的过度开发和不合理利用进一步加剧了水资源的供需矛盾。在全国 600 多座城市中,存在供水不足问题的已达到 400 多座,其中有 110 座严重缺水。由此可见,水资源不足已成为遏制我国经济社会发展的主要瓶颈。

调水工程是解决水资源短缺问题,实现水资源空间优化配置的有效途径,其通常是指将某一自然河流或流域的水调往干旱及缺水地区而修建的工程。作为"自然-社会"二元水循环的重要过程,调水工程在世界许多国家得到广泛实施,并发挥着不可替代的作用。据不完全统计,目前世界上至少有 40 个国家和地区修建了 350 多项规模不一的调水工程。为了缓解日益突出的水资源供需矛盾,我国陆续修建了引黄济青、江水北调、南水北调等 40 余项长距离调水工程。截至 2015 年,国内大型调水工程的输水距离已累计超过 16 000 km,各工程平均调水距离高达 285 km。国内外诸多历史实践表明:调水工程能够极大改善受水区的用水紧张局面,对沿线城镇社会、经济、生态等方面的发展都有显著的推动作用。

南水北调工程是我国水资源调配的战略性工程,主要解决我国北方地区,尤其是黄淮海流域的水资源短缺问题,其中南水北调中线工程是南水北调工程的重要组成部分。南水北调中线一期工程(以下简称中线工程)自 2003 年 12 月正式开工建设,2013 年 12 月 25 日完成主体工程建设,2014 年 12 月 12 日正式通水运行。随着南水北调中线工程的安全平稳运行,水资源调配效益日益凸显。截至 2024 年 3 月 14 日,该工程累计向北调水 625 亿 m^3,我国水资源配置格局得到进一步优化。工程不仅保障了沿线城市居民生活用水,还让沿线河流充满了生机,受水地区生态环境得到明显改善,产生了巨大的经济、社会、生态效益。

与其他调水工程相比,中线工程具有如下基本特征:(1)输水线路长。总干渠全长 1 432 km,其中干渠长 1 277 km,京津输水支线长 155 km。(2)调水规模大。中线一期工程设计年均调水量 95 亿 m^3,陶岔渠首闸入渠设计流量为 350 m^3/s。(3)调控元件多。工程共有各类建筑物 1 800 多座,其中水力控制建筑物包括 64 座节制闸、1 座泵站、97 座分水口和 54 座退水闸。(4)控制条件苛刻。运行方式为闸前常水位,无在线调节水库,可用水头小,渠道允许水位变幅小,正常工况下要求渠道水位降速不超过 0.15 m/h 和 0.3

m/d。(5)运行工况复杂。为满足沿线口门 24 h 用水需求,工程全年全天候输水,历经正常调度、生态补水、冰期调度、汛期输水等各类场景。

输水线路长、调水规模大、调控元件多、控制条件苛刻、运行工况复杂的特征使得中线工程安全、平稳、高效运行难度大。不仅如此,汛期频繁降雨和冰期极寒天气给中线工程运行带来了新的难题。汛期在局地突发暴雨、地下水位变化、用水负荷调整等多重不确定性扰动影响下,存在调度计划赶不上边界变化的普遍现象。冰期在极寒天气条件下,渠道表面逐步形成稳定冰盖,水力调控不当存在冰塞、冰坝风险,过流能力下降导致沿线供需矛盾凸显。由此,面向汛期、冰期特殊输水期的调度运行问题尤为突出。

精准感知是调水工程输水调度的基础。只有准确掌握调水工程输水状态,才能制订科学合理的闸泵群调控方案,以实现工程在特定阶段一定时期内的调度目标。然而,中线工程沿线区域属于东亚季风气候区,沿线汛期降雨频繁、冰期冰情状态多变、水情状态变化迅速。在汛期局地降雨、冰期冰情演化、闸群动态调控、监测数据倒挂等多重扰动下,异常水情数据显著增加、水力参数时变特性凸显,输水渠道水动力过程的时空、连续、高精度模拟难度大,使得输水状态感知不清成为制约中线工程特殊输水期调度运行的首要难题。

输水调度是调水工程在运行期的核心业务。在工程实践中,调水工程的水力控制目标主要以安全控制和输水稳定控制为主,即控制河渠水位和输水流量在合理的范围,保证工程安全及输水效率。然而进入汛期后,沿线降雨明显增加,渠道水位变化迅速,工程平稳调度难度大。为保障工程沿线深挖方渠段汛期的蓄水平压要求,渠道水位控制条件变得更为苛刻,水位精准调控难度大。特别是极端暴雨条件下外部扰动加剧,威胁工程安全和供水安全。同时,降雨时空分布的不确定性导致既定调度方案的适应性明显降低。上述因素共同导致中线工程汛期调度运行难度加大。

进入冬季,中线工程安阳河以北渠道存在结冰现象,冰情演化中存在流冰堆积、冰凌下潜、冰盖破碎等多种潜在冰害风险,与水动力条件直接相关,防控冰害的水动力调控尤为关键。同时,为了稳定冰下输水需降低输水流量,导致冰期输水供需矛盾激增,通过优化调度保障冬季供水能力就显得尤为重要。然而,由于冰情生消的影响因素及作用规律复杂,冰情预测难度大、精度低,优化调度缺乏依据。此外,冰情发生意味着工程从常规向冰期的工况快速切换,冰害防控要求面向水位和流量的水力精准控制,要在保障冰期输水安全的前提下,实现输水能力提升的目标,给工程输水调度提出了更高要求。

此外,南水北调中线工程设置总调度中心、分调度中心、现地管理处三级管理机构,涉及节制闸、分水口、退水闸、控制闸等 500 余座闸站,包含 500 余名专职调度人员和 2 500 余名辅助运维人员。进入汛期,工程运行过程对调度信息的实时性、调度指令的可靠性、调度业务的高效性需求显著增加,信息流、指令流、业务流多流程协同管控难度大。现阶段,中线尚未形成统一的调度运行管理系统,加之汛期、冰期条件下受到降水时空分布复杂和实时水情、冰情状态易变等诸多扰动,此时水力响应的加剧和应急时间的限制与原有的信息共享平台及业务管控机制的矛盾显著。

综上所述,南水北调中线工程特殊输水期调度运行方面的研究还很不完善,尚有许多难点问题需要突破,理论研究与生产实际结合不够紧密,尚难以达到指导工程应用的目标。本书在现有调度需求和技术条件下,开展典型长距离串联闸群明渠调水工程——南水北调中线工程"精准感知、汛期调度、冰期调度、过程管控"关键技术研究,对突破现有方法的应用瓶颈和实现调水工程特殊输水期调度运行具有重要实用价值和科学意义。

1.2 主要研究内容

本书以典型长距离串联闸群明渠调水工程——南水北调中线工程为研究对象,围绕工程在汛期面临的输水调度难题开展技术攻关,包括围绕"精准感知、汛期调度、冰期调度、过程管控"四个方面开展研究攻关,主要研究内容如下:

(1)构建长距离明渠水情监测数据治理及非恒定流精准模拟技术。

研究基于水量平衡和水力损失的多测站水情倒挂数据清洗方法和基于深度学习算法的汛期节制闸综合流量系数动态预测方法,研发耦合降雨过程的调水工程一维水动力仿真模型,以实现汛期多维扰动下水情状态的精准感知。

(2)建立汛期降雨扰动下的水量水力协同优化调控技术。

研究构建考虑水位和流量动态约束的渠池蓄量滚动优化调度模型,提出汛期突发暴雨情景下雨区下游优化分区供水方案,建立耦合水动力过程的串联闸群水力预测调控方法,以解决汛期全线或局部降雨影响下的中线工程大规模闸群精细调控难题。

(3)构建冰期冰害防控约束下的输水能力提升方法。

研究定量刻画冰情状态和冰害风险的参数概念,并依此构建中线冰期输水冰情生消过程预测预警方法,建立中线干渠冰凌防控水力条件识别方法,研发耦合水动力过程的串联闸群多目标优化调控模型,以确保冰期输水安全的同时最大限度保障输水能力。

(4)创建信息-指令-业务多流程跨层级协同管控模式。

研究建立由采集端到应用端的水情、雨情、冰情、工情跨网段多层级信息实时共享机制,提出基于闸站自动监测和视频智能识别的远程指令执行双重保障模式,研发调度信息、调控设备、调水业务多要素高效协同的中线输水调度综合管理平台,以显著提升输水调度自动化和智能化水平。

1.3 研究方法和技术路线

1.3.1 研究方法

本书主要采用文献调查法和数值模拟法等方法开展研究工作。

1.3.1.1 文献调查法

根据项目研究内容,广泛收集了近年来国内外专业期刊发表的关于南水北调中线工程特殊输水期及其水力控制、水动力数值模拟方法、汛期平稳调度及相关算法改进、突发暴雨条件下的闸群调控、冰害水力防控和冰情预测方面的文献,分析了调水工程汛期水力控制技术的发展趋势、主要瓶颈和已有研究存在的不足,进一步细化了本项目的研究内容和技术路线。

1.3.1.2　数值模拟法

数值模拟法是本项目采用的核心技术手段。为实现不同情景、不同方案调控下水情变化过程的计算及评估,本项目研发了南水北调中线工程的一维水动力数值模拟模型,实现闸群动态调控下的水情状态感知;构建不同时间尺度冰情预测模型,实现不同预见期冰情状态预测;在此基础上,为获取不同调度目标下的最优调控方案,建立串联闸群水力预测调控模型和多目标优化调控模型;将构建模型应用于研究对象,对模拟、优化结果进行分析。

1.3.2　技术路线

本书以典型长距离串联闸群明渠调水工程——南水北调中线工程为研究对象,围绕工程在汛期和冰期面临的输水调度难题开展技术攻关。首先,构建长距离明渠水情监测数据治理及非恒定流精准模拟技术,以实现常规与应急多场景下输水系统边界、参数、状态的精准识别;其次在此基础上,建立汛期降雨扰动下的水量水力协同优化调控技术,以实现汛期高不确定性条件下的精准调控;再次,构建冰期冰害防控约束下的输水能力提升方法,在保障冰期输水安全的同时最大限度提升输水能力;最后,创建信息-指令-业务多流程跨层级闭环管控模式,为输水调度信息、业务、指令流转提供综合保障。项目技术路线见图 1-1。

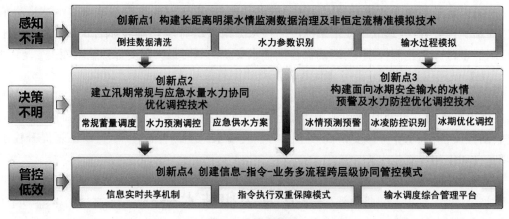

图 1-1　技术路线

1.4　主要创新点

本书的主要创新点如下:

创新点 1:针对汛期局地降雨、冰期冰情演化、闸群动态调控、监测数据倒挂等多重扰动下调水工程水力要素模拟的不确定性,构建了长距离明渠水情监测数据治理及非恒定流精准模拟技术,实现了常规与应急多场景下输水系统边界、参数、状态的精准识别。

(1)水情监测数据倒挂难题的系统治理方法。

由于全线 64 座节制闸监测站点和 97 个分水口监测站点对全线水位、流量的覆盖感知范围有限,同时针对汛期局地降雨、冰期冰情演化、闸群动态调控等多重扰动影响下出现的监测数据倒挂问题,以水量平衡关系协调流量,以水力损失结果修正水位,研发了水情监测数据倒挂难题的系统治理方法,保障了空间多点监测数据的一致性,实现了全线水情数据的时空一致性校验。

(2)数据驱动的水力参数动态识别模型。

针对工况调整期水情工情监测数据影响水力参数识别精度,以及人工率定水力参数效率低下的难题,研发了面向各类建筑物的专属准恒定输水状态自动识别模型,避免了监测数据不稳定对水力参数率定的干扰。在此基础上,构建了基于数据驱动的建筑物水力参数动态预测模型,建立了渠道糙率、闸门综合过流系数等水力参数与水情、雨情、冰情、工情的复杂映射关系,实现了对关键参数时空变化规律的动态跟踪。

(3)明渠调水工程一维非恒定流模拟模型。

面向明渠调水系统输水过程一维非恒定流时空精细模拟需求,系统分析了渠道、倒虹吸、节制闸等10余类渠系建筑物的过流特性,并考虑沿线降雨、蒸发、渗漏对输水过程的影响机制,研发了明渠调水工程一维非恒定流通用模拟模型,并提出了水动力模型的时空变化网格加速求解技术,实现了特殊输水期总干渠59个渠池目标流量下水面线的快速推演,使得雨区多渠池水位、流量7 d连续模拟误差分别小于1%和5%。

创新点2:针对中线工程汛期全线或局部降雨、用水负荷变化、上游来水波动等多维扰动下的大规模闸群精细调控难题,建立了汛期常规与应急水量水力协同优化调控技术,实现了汛期高不确定性条件下的精准调控。

(1)考虑水位和流量动态约束的渠池蓄量滚动优化调度模型。

针对中线全线或区域水量调整慢、局部水力响应快的特点,以及现有调度模型设计水位、流量范围难以适应汛期环境条件和工程特性动态变化的问题,考虑渠道蓄水平压需求和闸群实时流量调节能力,构建了串联渠池蓄量滚动优化调控模型,并对2021年郑州"7·20"特大暴雨事件预降水位过程进行了优化模拟,实现了总干渠被动退水量减少70%,有效减少了弃水量。

(2)耦合水动力过程的闸群水力预测调控方法。

针对上游来水波动、用水临时调整以及汛期局地降雨等多重扰动导致的闸前水位容易偏离目标区间的水力控制难题,基于模型预测控制理论,研发了耦合水动力过程的闸群水力预测调控方法。通过兼顾实时状态扰动和未来计划调整,以日为调度时长定时滚动更新调控方案,使24 h闸前水位突破目标范围的时间平均减少70%以上,实现了汛期高不确定性条件下的水力精准调控。

(3)汛期突发暴雨情景下雨区下游优化分区供水方案。

当突发暴雨危及渡槽/渠道等工程安全,导致降雨区下游来水大幅减少甚至中断时,沿线口门供水安全将受到极大威胁。为此,结合口门供给对象的重要程度及其对南水北调来水的依赖程度,提出了雨区下游口门的重要等级划分标准,为分级供水提供决策支撑。在此基础上,通过计算不同渠池组合下的持续供水时间,提出了以最短供水时间渠池为节点的口门优化分区供水方案,使暴雨应急情景下关键口门供水时间延长1周以上,有效应对了交叉河道超标洪水影响总干渠过流、威胁下游供水安全的难题,保障了重要口门的供水安全。

创新点 3:针对冰期冰害水力防控与输水能力提升矛盾影响下的中线工程输水调度难题,构建了面向冰期安全输水的冰情预警及水力防控优化调控技术,在保证冰期水力安全调控的前提下提升了冰期输水能力。

(1)长序列监测资料驱动的冰害防控水力条件识别体系。

中线工程冰期输水期间存在破坏性冰害风险,针对冰害防控缺乏水力调控目标、冰下安全输水缺乏流量刚性约束的问题,结合长序列的水情数据与冰情状态监测资料,从冰凌下潜和冰盖发展的临界水力条件出发,建立了中线干渠冰凌防控水力条件识别方法,实现了安阳河节制闸至北拒马河节制闸渠段共 26 个关键断面、从设计至加大不同水位下、平/立封不同冰盖类型的输水调控水力条件识别,确立了 26 个关键断面的冰凌防控水力控制目标,明确了各渠段冰期安全输水流量最大阈值。

(2)基于冰情生消过程定量预测的冰期输水状态时空优化方法。

面向冬季输水能力提升需求,针对冰情生消过程预测手段不足、冬季输水状态调度缺乏可靠依据的难题,基于长序列水/冰情及气象监测数据,提出了定量刻画冰情状态的"冰期综合指数"概念,完成了对无冰、岸冰、流冰、冰盖等冰情状态的定量预测和判别,依此构建了冰期输水状态时空优化方法,实现了 3~15 d 不同预见期内冰情状态可靠预测,并以冰情预报判别结果为依据,完成了对冬季输水状态动态优化调度,最大限度延长了各渠段正常流量的输水时间,提升了冬季输水能力。

(3)串联闸群冬季工况切换过程的多目标优化调控模型。

针对不确定性冰情影响下的工况快速切换和闸群精确调度需求,基于模拟优化思想,研发了串联闸群冬季工况切换过程的多目标优化调控模型,根据冰凌防控水力控制目标和输水状态优化调度目标,快速生成冰期调度方案,加快输水工况切换时间,实现了冬季正常输水向冰期输水状态过渡时间由 7 d 缩减至 3 d,进一步延长了正常流量输水时间,保障冰期输水安全的同时最大限度提升了冬季输水能力。

创新点 4:针对中线工程调度信息、调控设备、调水业务多要素高效管控需求,创建了信息-指令-业务多流程跨层级协同管控模式,显著提升了输水调度自动化和智能化水平。

(1)跨网段多层级水情、雨情、冰情、工情多元信息安全共享机制。

为确保信息安全,中线工程水情、工情数据全部在自行敷设的专用网络中流通,与外界网络物理隔离,仅支持在配备专网的场所查看、管理。中线工程年均下发调度指令约 5 万门次,汛期、冰期指令占比达 60%。调度过程中,指令执行可靠性要求高,信息、人员、设备等多维要素调度管理难度大。针对汛期、冰期等特殊时期天气预报等外部数据对调度运行影响大,水情、雨情、冰情、工情多元信息在多个业务主体间的实时交互需求更为迫切,建立了由采集端到应用端的跨单位多层级水情、雨情、冰情、工情多元信息实时共享机制。通过采集设备、监控系统与调度系统在专网完成水情、工情数据汇集,利用调度系统向其他业务应用系统跨网段推送信息,保障重要调度信息的实时同步,实现了中线工程 1 个总调中心、5 个分调中心、47 个现地管理处以及流域机构、水务公司等 60 余个业务主体、超 300 个业务个体各类信息的时空无障碍共享。

（2）基于闸站自动监测和视频自动跟踪的远程指令执行双重保障模式。

在汛期降雨、冰期结冰等因素影响下信号传输和控制设备可靠性下降，并且传统闸站自动监控系统难以直观反馈闸门动作情况。为提高调度指令执行的可靠性，提出了基于闸站自动监测和视频自动跟踪的指令执行双重保障模式，通过视频智能联动设备自主跟踪闸门开度变化，并以现地控制作为补充调控手段，实现了全线 500 余座闸站指令执行成功率由 97% 提升至 100%，提升了调度指令执行可靠性，确保调度执行到位，保障工程运行安全。

（3）多要素高效协同的中线输水调度综合管理平台。

针对传统电话、传真等调度模式工作强度大、效率低、管理水平落后，且汛期、冰期等特殊时期调度指令、信息监控等工作占全年任务量比重大，调度人员工作强度高等突出问题，研发了调度信息、调控设备、调水业务多要素高效协同的中线输水调度综合管理平台，实现了中线工程汛期、冰期等特殊工况下信息流、指令流、业务流的高效流转和三级 53 个管理机构、3 000 余名调度人员、500 余座闸站的协同管控，调度人员工作强度降低 70% 以上，单次调度业务流转时间由 90~150 s 提升至 40 s 以内，调度业务流转效率提升 60% 以上。

第 2 章　长距离明渠调水系统水力要素精准感知技术

2.1　概　述

精准感知,是调水工程输水调度的基础。只有准确掌握调水工程输水状态,才能制订科学合理的闸泵群调控方案,以实现工程在特定阶段一定时期内的调度目标。在工程实践中,水位、流量等监测设备会不可避免地存在监测误差,甚至出现异常监测数据,如缺失数据、离值数据等。受外界环境、季节变化、闸泵操作等因素扰动,各类建筑物水力参数的时空变化存在一定的不确定性,潜移默化地影响着工程的输水状态。上述问题都将增大输水调度水动力过程感知的难度,并进一步影响调控方案的可靠性和可用性。因此,开展长距离明渠调水系统水力要素精准感知技术的研究具有重要意义。

对于调水工程的数据清洗、水力参数等水动力过程感知的研究,国内外学者通过数据或机制驱动的方式进行尝试与探索,积累了一定的成果和经验。数据清洗是指对数据中存在的错误和不一致进行检测和修正的一种技术方法,能够有效处理数据中存在的"脏数据",提高数据质量。数据清洗的研究工作,最早始于国外的具体项目。20 世纪 50 年代,美国从纠正全美的社会保险号中存在的错误开始,逐渐探索数据清洗在各方面的研究工作,随后数据清洗逐渐应用于生物、能源、心理学等社会生活中的各个领域。在数据信息化领域,数据清洗作为数据预处理过程中的关键步骤,在数据挖掘、数据仓库、数据质量管理等领域均得到广泛应用。Zhang 等利用迭代最小修复解决时间序列中的异常值问题,并通过该方法降低了计算的复杂度。Shumway 等利用 State-Space 模型和卡尔曼滤波模型进行时间序列的建模,有关卡尔曼滤波模型的计算方法和特点可在论文中得到体现;利用条件函数依赖(CFD)可基于约束对异常值进行检测,此类方法对异常值进行约束时较为复杂,但检测效果较优。严英杰提出了一种针对时间序列的清洗方法,根据序列中异常值的种类选择不同的修正公式进行数据清洗。孙纪舟等基于频域降维和傅里叶变换对不确定性时间序列进行清洗,结果证明该方法在清洗质量和效率上都具有独特优势。孟庆煊针对水务数据的时间序列特性,在数据序列降维的基础上通过改进的隐马尔可夫模型和微比特算法进行异常值检测,虽过程复杂但异常值检测能力较强。Shahri 等提出一种新的数据清洗框架用于重复数据的消除,可灵活、简洁地开展数据清洗研究。水力参数主要依据控制方程结构和观测信息进行计算,水力参数的时空变化过程往往反映了建筑物输水性能在环境变化和季节更迭作用下的演变规律。节制闸作为调水工程的主要调控建筑物,其水力参数即节制闸综合流量系数的精确计算对于工程建筑物的设计和运用、渠道的水力控制、输水系统水力特性分析等均具有重要意义。节制闸综合流量系数随水流状态的变化而变化,而汛期降雨、闸群调控等对水流状态影响较大,故节制闸水力参数在多维因素扰动下将不再适用固定值状态。大数据、人工智能等新一代信息技术的快速发展引领了众多行业的技术变革,机器学习、深度学习、强化学习等通过数据驱动的先进技术方法逐渐受到学者的青睐。其中,长短期记忆神经网络作为一种特殊的循环神经网络,具有较为强大的时间序列处理能力,可以选择性地保留前面若干时刻的信息,能够满足时间序列动态预测的要求。由于水情数据各要素之间具有较强的相关性,构建长短期记忆神经网络模型可充分发挥该方法的优势,通过长序列历史数据预测得出节制闸综合流量系数,并对其进行实时计算。一维水动力模型具有计算效率高、所需基础数据少等优点,故被广泛应用于水利工程中的河道模拟。多数工况下,其在水动力仿真精度上已经能满足河渠水力计算的基本要求。

综上所述,国内外学者在数据清洗、水力参数等水动力过程感知方面积累了一定的成果和经验,但实现真正的水动力过程的精准感知仍然任重而道远。具体而言,多元化的数据清洗算法难以全面适配,机制型的模型难以考虑参数变化,水动力模型过程难以考虑多维扰动。因此,现有的成果对于大规模调水工程的水动力过程的精准感知而言,实际的应用十分有限,这主要是由于调水工程调控工况的复杂性和多样性造成的。对于汛期输水调度而言,目前未见专门研究。在汛期,降雨造成的水量干扰及时空分布的不确定性导致水动力过程的感知精度明显下降,容易出现水情状态感知不清、水动力过程感知不明的现象,同时在闸门调控变化条件下水位变化剧烈,水动力精准感知难度加大。

首先,对于汛期多测站水情倒挂数据清洗,不同测站面临的监测误差可能存在一定的区别,如上游测站流量上偏2%,下游测站流量下偏2%,单个站点的时间序列可能显示不出时间序列存在的数据偏差,但多个测站比较下数据之间的差异性由于其关联特征可进行显露。其次,在汛期环境条件下,降雨及环境影响下的水力参数会发生高频动态变化,常规的水力参数以固定值状态进行表现,难以适应汛期的降雨变化规律,需要进行水力参数的动态预测。最后,汛期带来的多方面扰动因素,如水量变化、降雨范围不确定性、降雨时长、降雨强度等的干扰,会容易造成水动力过程感知的不确定性,导致水动力过程感知脱离原有轨道出现极大偏差,产生水动力过程感知难题,需要建立能够考虑汛期监测误差、参数变化、降雨过程的调水工程一维水动力模型。

根据以上分析,本研究主要针对中线工程局地汛期降雨强度大、监测设备存在误差、闸门调控频率高、水位波动剧烈等多重扰动下调水工程水力要素感知难题。通过明渠调水工程水情异常监测数据系统治理框架、长序列稳态工况驱动的水力参数动态识别模型以及明渠调水工程一维水动力模拟模型及加速求解技术这三个部分,建立长距离明渠调水系统水力要素精准感知技术。基于明渠调水工程水情异常监测数据系统治理框架可以得到可靠历史水情数据,利用清洗后数据建立长序列稳态工况驱动的水力参数动态识别模型,基于高精度数据和可靠内边界条件建立耦合降雨过程的一维水动力仿真模型及加速求解技术,实现长距离明渠调水系统水力要素精准感知。

2.2　明渠调水工程水情异常监测数据系统治理框架

本节通过收集整理中线工程运行调度过程中产生的长序列调度数据,分析各类异常数据产生的原因,并对异常情景进行分类,建立数据质量评价和清洗模型,实现服务于调度的各类监测信息的数据清洗,提高历史和实时监测数据的可靠性。同时,分析单点数据异常和空间多点数据倒挂形成的原因,并提出修正方法。

明渠调水工程水情数据是指输水渠道、节制闸等建筑物的水位、流量、流速等水力要素数据。水情监测数据的准确性直接影响到以此为基础的研究成果的可靠性。如水位、流量信息监测不准,将导致水动力模拟结果难以与实际水情变化吻合,模拟精度不够;流量倒挂事件的发生,与稳态情况下的水量平衡关系冲突,不符合实际工程运行状况。因此,对水情数据清洗展开研究十分必要。

2.2.1 单测站水情时序清洗模型

单测站水情时序清洗即以单座节制闸为对象,分别对其闸前水位、闸后水位、过闸流量等水情数据按时间序列先后进行清洗。中线工程水情监测数据属于典型的时间序列数据。在短时间尺度上,相邻数据间关系紧密,具有连续、渐变的特点。并且,根据对中线工程水情监测数据的检测,水位、流量观测误差符合单峰正态分布,满足 3σ 准则的应用条件。

受设备故障、天气变化、人为干预等多种因素影响,水情数据监测过程中可能出现缺失或异常数据,故需利用数据预测插补模型进行插补缺失值以及异常值。针对中线工程节制闸闸前水位、闸后水位、过闸流量等水情数据存在的数据异常问题,建立如下清洗方法:

首先分析各类数据的变化情况,构建基于动态 3σ 准则的单个节制闸数据异常检测模型,数据检测过程中需考虑多种因素对水情数据的影响,如节制闸发生调控将会导致过闸流量产生较大波动。然后针对检测出的异常值,利用随机森林回归算法构建预测模型,预测模型以发生异常或缺失的水情数据(如闸前水位)为目标,其他水情数据(如闸后水位、闸门开度、过闸流量等监测数据)作为预测模型输入,预测出异常值所在位置的"准确数值",并替换异常值。

2.2.1.1 基于 3σ 准则的异常值检测

3σ 准则又称拉依达准则(见图 2-1),它是先假设一组检测数据只含有随机误差,对其进行计算处理得到标准偏差,按一定概率确定一个区间,认为凡超过这个区间的误差,就不属于随机误差而是粗大误差,含有该误差的数据应予以剔除。

在正态分布中, σ 代表标准差, μ 代表均值, $x = \mu$ 即为图像的对称轴。3σ 准则为:

数值分布在 $(\mu-\sigma, \mu+\sigma)$ 中的概率为 0.682 7;

数值分布在 $(\mu-2\sigma, \mu+2\sigma)$ 中的概率为 0.954 5;

数值分布在 $(\mu-3\sigma, \mu+3\sigma)$ 中的概率为 0.997 3。

即可以认为,数值几乎全部集中在区间 $(\mu-3\sigma, \mu+3\sigma)$ 内,超出这个范围的可能性仅占不到 0.3%。以此对异常数据、缺失数据进行检测。

1. 问题缺点

由上述原理可知, 3σ 准则能很好地检测出数据异常值,但当检测数据量庞大时容易产生漏检的情况,如图 2-2 所示,图中圆圈标注为漏检数据。

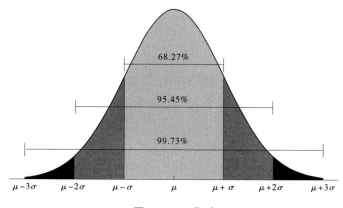

图 2-1 3σ 准则

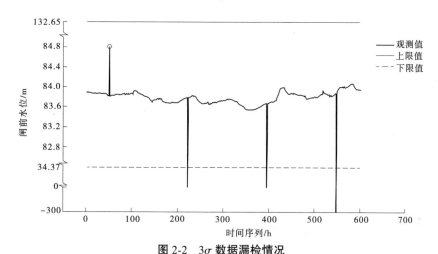

图 2-2 3σ 数据漏检情况

2. 问题修正

据统计,南水北调中线工程各单一节制闸最长工况切换时间不超 1 d,而中线工程数据采集频率为 2 h。因此,提出动态 3σ 准则的异常检测方法,动态检测方法每次选取数据长度为 13 个,进行向前滚动进行检测。由图 2-3 检测效果可以看出该方法能很好监测出异常数据。

2.2.1.2 随机森林预测模型

随机森林是一种处理分类和回归问题的集成学习方法,该方法通过构建大量的决策树,输出结果由所有的个体决策树综合决定。分类问题根据投票数决定最终结果,而回归问题则根据均值预测最终结果。通过这样的方式,随机森林每次基于部分样本构建每一棵决策树,有效地解决了决策树中过拟合的问题。

1. 随机森林算法原理

随机森林中的每一棵决策树都是从原始数据集中重复有放回抽样构建的训练样本的集合。在建立决策树的过程中,通过随机取样的方式分别对输入数据进行行、列采样。对于行采样,在样本集合中有重复样本的出现是可能的。这样,每棵树的输入样本在训练时

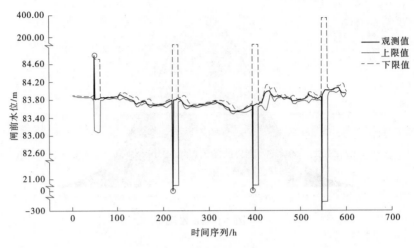

图 2-3　修正方法结果展示

都不是全部的样本,这将尽可能避免过拟合。进行列采样时,从所有的特征当中只选取部分特征来进行每一棵决策树的构建。并且采用完全分裂的方式,使每一棵决策树的叶子节点都充分分裂直到不能继续分裂。总体来说,剪枝是许多决策树算法中最重要的步骤,剪枝的目的是降低过拟合的风险。由于两个随机抽样过程就保证了随机性,所以使用随机森林算法时一般不需修剪,也不会有过度拟合。

2. 构建流程

(1)在构建每一棵决策树时,从原始数据集中随机有放回抽样选出 m 个样本,共进行 n_tree 次采样,分别训练出 n_tree 个决策树模型。

(2)对于任意一个随机决策树模型,当每个样本有 N 个属性时,决策树分裂的每一个节点上,首先随机从这 N 个属性中选出 n 个属性,满足条件 $n \leqslant N$。然后在这 n 个属性中采用 Gini 指数来选择最好的特征完成分裂。

(3)每棵树都采用完全分裂的方式生长下去,直到下一节点选出来的特征是其父节点分裂时用过的特征,则该节点上已经无须再分裂下去了。在整个构建决策树形成过程中没有进行任何剪枝。

(4)重复以上步骤来建立大量的决策树,从而构建一个完整的随机森林模型。

随机森林算法简单来说是先通过有放回重抽样的方式,从原始数据集中抽取部分样本,再对这些样本分别建立 CART 决策树模型集合而成的一种集成学习方法,输入样本数据后通过这些模型得到结果,最后采用投票的形式决定最终结果。

3. 随机森林性能的特点

1)out-of-bag 估计

在随机森林模型中,通过 Bootstrap 重抽样的方式抽取样本时,由于是有放回的抽样,所以总会有一定数量的样本是一直没有被抽取到的。当 N 趋近无穷大时,根据重要极限的推导,训练集中未被抽中的样本的概率 $(1-1/N)^N$ 收敛于 $1/e \approx 0.368$。则原始数据集中将会有大约 36.8% 的样本是没有被抽中的,也就是没有被表现出来,我们将这样的数据样本称为袋外数据(out-of-bag,简称 OOB)。由于这些数据没有参与到模型的建立,所以袋外数据可以直接作为测试样本。

2）变量重要性度量

衡量数据集中变量重要性的第一步 $D_n = \{(X_i, Y_i)\}_{i=1}^n$ 是为了适应数据的随机森林。在拟合过程中，记录每个数据点的袋外误差并在森林中进行平均（如果在训练过程中未使用袋装，则可以用独立测试集上的误差代替）。衡量的重要性训练结束后的特征值在训练数据中置换第一个特征，并且再次在这个扰动的数据集上计算袋外误差。重要性得分为通过对所有树的排列前后的袋外误差的平均值求平均来计算第一特征。评分通过这些差异的标准差来标准化。产生该值的较大值的特征被排列为比产生较小值的特征更重要的特征。

计算方法如下：

第一步：对于随机森林中的每一棵决策树，使用相应的 OOB 数据来计算它的袋外数据误差 errOOB1。

第二步：随机地对袋外数据 OOB 所有样本的特征 X 加入噪声干扰，就可以随机地改变样本 X 在特征处的值，再次计算它的袋外数据误差 errOOB2。

第三步：假设随机森林中有 Ntree 棵树，那么对于特征 X 的重要性 $= \sum (\text{errOOB2} - \text{errOOB1})/\text{Ntree}$，之所以可以用这个表达式来作为相应特征的重要性度量值是因为若给某个特征随机加入噪声之后，袋外的准确率大幅降低，则说明这个特征对于样本的分类结果影响很大，即它的重要程度比较高。

4. 随机特征选取

随机森林模型采用随机分裂的方式使模型能够更好地适应高维数据，随机分裂是指树的每个节点只选择部分特征进行分裂，从而使树的增长只依赖于该部分的输入特征，而不是所有特征。基于统计机器学习思想，利用随机森林模型对缺失数据进行插值。它可以充分利用数据集本身的信息，不受数据分布的限制，并从训练样本中建立模型来预测缺失值。这种方法的缺点是噪声数据对缺失数据的影响较大。如果改变部分数据，决策树结构将发生很大变化。利用随机森林方法，综合多种决策树的结果，得到最终的插补值，使随机森林插值方法比单一决策树更精确、更稳健。另外，随机森林算法的两个重要特点是对随机特征的重要性进行评估和选择，可以有效地克服大数据环境下的高维数据问题。

5. 模型输入输出

本研究通过历史水情数据不同要素间的映射关系构建随机森林预测插值模型。当需进行数据预测插补时，应以发生异常的数据所在列（如闸前水位）作为目标值，其余数据（如闸后水位、过闸流量、闸门开度、分退水流量等）为模型输入进行模型训练。当模型训练结束后，选取当前时刻数据按上述模型输入内容进行输入，输出结果为预测插值结果，替换异常值进行更新保存。

2.2.2　多测站水情倒挂数据清洗

多测站水情倒挂数据（流量倒挂）清洗是指一定时段同一渠池内，下游节制闸过闸流量持续大于上游节制闸过闸流量的现象，流量倒挂清洗需考虑沿线分水对流量的影响。

解决思路:

陶岔渠首枢纽工程作为南水北调中线工程的渠首,其过闸流量的大小对全线各个节制闸的过闸流量具有重要参考意义。日报数据是分退水计量的主要依据,结合以上两点,流量倒挂数据清洗步骤如下。

第一步:水量偏差系数计算。

整理日报数据中主要控制断面水量调度数据,以及各个分退水口分水流量、分水量等信息。考虑渠段划分对水量偏差系数计算的影响,若分段过少或不分段,水量平衡计算将产生较大误差;若分段较多,控制断面水量信息得不到保证。故从日报数据中选取主要控制断面,将中线工程全线划分为以下 4 个渠段:①刁河渡槽进口节制闸(刁河)—穿黄隧洞出口节制闸(穿黄);②穿黄隧洞出口节制闸(穿黄)—漳河倒虹吸出口节制闸(漳河);③漳河倒虹吸出口节制闸(漳河)—岗头隧洞进口节制闸(岗头);④岗头隧洞进口节制闸(岗头)—北拒马河暗渠进口节制闸(北拒马河)。计算各个渠段进水量、出水量、分水量及蓄量变化量,通过式(2-1)得到各个渠段调度年内的水量偏差量,将各个调度年水量偏差量相加求和取平均作为该渠段水量偏差量。

$$W_{进} - W_{出} - W_{分} - W_{蓄} = W_{偏} \tag{2-1}$$

$$\eta = \frac{W_{偏}}{W_{进}} \tag{2-2}$$

式中:$W_{进}$ 为上游进水量;$W_{出}$ 为下游出水量;$W_{分}$ 为渠段间分退水量;$W_{蓄}$ 为渠段蓄量变化量;$W_{偏}$ 为渠段水量总体偏差量;η 为水量偏差系数。

第二步:推求各个节制闸理论流量值及流量监测误差占比。

在同一时刻的前提下,以陶岔渠首过闸流量为参考,考虑各个渠段分退水及渠道损失的影响,通过式(2-3)、式(2-4)推求得到各个节制闸理论流量值,并计算实际观测流量相对理论流量的偏差占比情况。

$$Q_{陶} - Q_{分} - Q_{偏} = Q_{理} \tag{2-3}$$

$$Q_{偏} = L \times \eta \tag{2-4}$$

式中:$Q_{陶}$ 为陶岔渠首引水闸流量,m^3/s;$Q_{分}$ 为渠段间分退水流量,m^3/s;$Q_{偏}$ 为渠段流量偏差量,m^3/s;$Q_{理}$ 为所推求节制闸理论流量值,m^3/s;L 为所求节制闸与陶岔渠首引水闸距离占全线距离的比例;η 为水量偏差系数。

第三步:选取"较好值"进行区间划分。

为实现对全线节制闸水情数据的精准清洗,需对全线节制闸进行多区间划分,分别按区间进行清洗。清洗过程如下:通过对比流量偏差占比情况选取"较好值","较好值"评判标准——节制闸实测流量值相对理论流量值偏差占比小于1%,如表 2-1 中刁河渡槽进口节制闸(2#)和白河倒虹吸出口节制闸(7#)所示。这里认为"较好值"处流量监测为数据监测相对可靠值。若两个"较好值"间无其他节制闸,则向下选取两两"较好值"组成区间,即将全线划分为多个区间,最终只需对各个区间内的流量进行修正。

表 2-1　流量倒挂示例——理论流量和偏差占比

节制闸编号	节制闸名称	开度是否变化	节制闸间距占比	渠段偏差系数	实测流量/（m³/s）	分退水数据/（m³/s）	理论流量/（m³/s）	偏差占比/%
2#	刁河渡槽进口节制闸	否	0.05	0.02	357.20	1.17	357.20	0
3#	湍河渡槽进口节制闸	否	0.03	0.02	347.95	0	355.72	2.18
4#	严陵河渡槽进口节制闸	否	0.05	0.02	350.80	0.40	355.55	1.34
5#	淇河倒虹吸出口节制闸	否	0.05	0.02	349.76	0	354.79	1.42
6#	十二里河渡槽进口节制闸	否	0.04	0.02	350.48	11.80	354.48	1.13
7#	白河倒虹吸出口节制闸	是	0.04	0.02	343.30	0.97	342.41	0.26

第四步:异常数据筛选。

首先判断所划分区间内是否存在监测流量数据超出上一步所划区间范围的情况,若存在则标记为"待修改数据"。然后选出发生调控的节制闸,若存在则标记为"不修改数据"。最后依次统计该渠段内以各个节制闸为参考的情况下,需修改的节制闸流量数据个数。统计修改个数流程如图 2-4 所示。统计修改个数步骤如下:

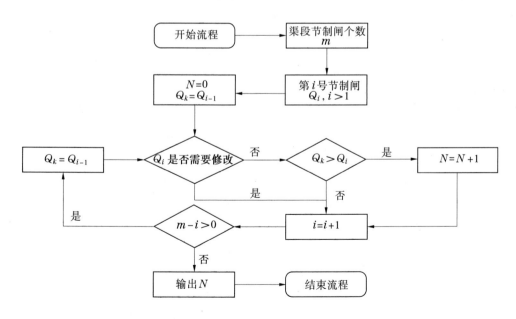

图 2-4　统计修改个数流程

①统计所划分渠段节制闸个数 m ;

②将湍河渡槽进口节制闸作为 $i^{\#}$ 节制闸输入;

③经过赋值操作 $Q_k = Q_{i-1}$, Q_k 为刁河渡槽进口节制闸流量, Q_i 为湍河渡槽进口节制闸流量;

④判断 Q_i 是否需要进行修正,若需要进行修正,则 $i=i+1$ 进入步骤⑥;

⑤判断 Q_k 与 Q_i 大小,若 $Q_k < Q_i$,则 $i=i+1$ 进入步骤⑥;若 $Q_k > Q_i$ 重新将 N 、 k 、 i 进行赋值;

⑥当 $m-i < 0$ 时,输出 N 值作为当前节制闸最长序列计数。否则将 Q_k 重新赋值进行循环运算。

依次将严陵河渡槽进口节制闸、淇河倒虹吸出口节制闸……作为 $i^{\#}$ 节制闸进行输入,得出该渠段各个节制闸计数,选取计数最大序列进行修正。

第五步:流量数据修正。

当进行流量数据修正时,应首先检测该节制闸是否发生调控。若闸门发生调控,则应观察闸门调控方向与流量变化方向是否一致,若方向一致则认为该流量数据为合理值,不做修正处理。其余情况应做出流量数据修正。修正原则为在上下游各选取一个流量数据"准确"的节制闸,然后依据渠道距离采用沿程分配的方式修正节制闸过闸流量。

2.2.3 实例分析

2.2.3.1 单测点水情时序清洗模型

本研究内容涉及范围为刁河渡槽进口节制闸断面至北拒马河暗渠进口节制闸以及西黑山引水闸、文村北调节池和王庆坨断面。共包含以下 3 块内容:①使用一组包含异常数据的长序列数据展示纵向数据清洗的效果;②以白马河倒虹吸出口节制闸(43#)历史监测数据为例展示纵向清洗的清洗效果;③全线数据缺失、异常占比情况统计。

1. 数据清洗过程

首先分析各类数据的变化情况,构建基于动态 3σ 准则的单个节制闸数据异常检测模型。图 2-5 为 3σ 准则在所选长序列数据诊断中的应用效果。图中两条虚线分别为 3σ 准则确定的上、下限值。从结果图上可以看出, 3σ 准则可以准确识别水情数据的异常值(如图 2-5 中左上角插图所示)。针对检测出的异常值,利用随机森林预测模型,预测异常值所在位置的"准确数值",并替换异常值,最终清洗效果见图 2-6。

2. 清洗效果展示

本节以白马河倒虹吸出口节制闸(43#)历史监测数据为例展示单点时序清洗效果,其中包括闸前水位、闸后水位、过闸流量等水情数据,如图 2-7～图 2-12 所示。

3. 全线清洗结果统计

研究范围内缺失数据和异常数据占比如表 2-2、表 2-3 所示。

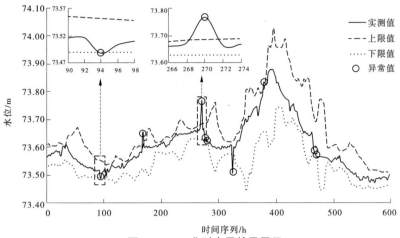

图 2-5　3σ 准则应用效果展示

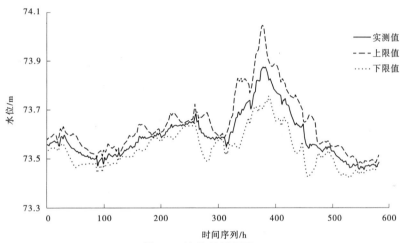

图 2-6　清洗效果展示

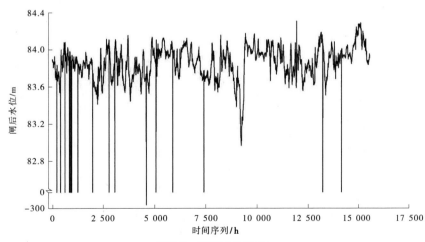

图 2-7　闸前水位数据

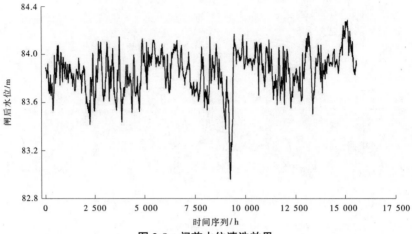

图 2-8   闸前水位清洗效果

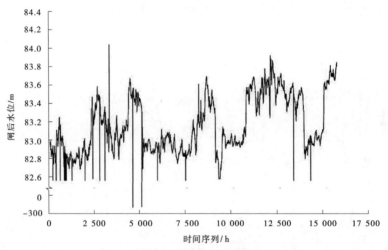

图 2-9   闸后水位数据

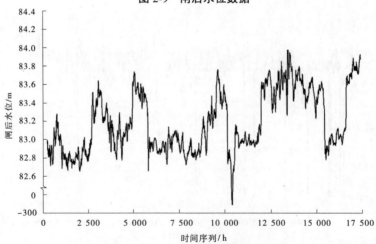

图 2-10   闸后水位清洗效果

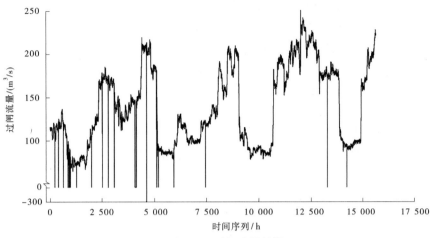

图 2-11　过闸流量数据

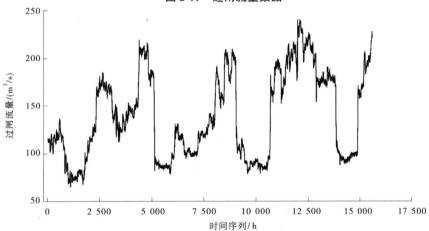

图 2-12　过闸流量清洗效果

表 2-2　研究范围内缺失数据占比　　　　　　　　　　　　　　%

水情数据	平均	最大	最小
闸前水位	0.11	0.20	0
闸后水位	0.12	0.20	0
过闸流量	0.14	0.60	0.10

表 2-3　研究范围内异常数据占比　　　　　　　　　　　　　　%

水情数据	平均	最大	最小
闸前水位	0.56	1.26	0.14
闸后水位	1.01	2.28	0.33
过闸流量	1.54	3.36	0.58

2.2.3.2 多测站水情倒挂数据清洗

本研究内容涉及范围为刁河渡槽进口节制闸断面至北拒马河暗渠进口节制闸以及西黑山引水闸、文村北调节池和王庆坨断面。本小节以2020年5月26日8时所测的各个节制闸的流量数据展示流量倒挂清洗结果。

1. 渠段水量偏差系数计算

根据中线局总调度中心提供的历史日报数据，考虑水量偏差系数对计算精确度的影响，将全线划分为以下4段：刁河渡槽进口节制闸（刁河）—穿黄隧洞出口节制闸（穿黄）、穿黄隧洞出口节制闸（穿黄）—漳河倒虹吸出口节制闸（漳河）、漳河倒虹吸出口节制闸（漳河）—岗头隧洞进口节制闸（岗头）、岗头隧洞进口节制闸（岗头）—北拒马河暗渠进口节制闸（北拒马河）。统计调度年内各个渠段进水量、出水量、各个分退水累计分水量、段蓄水的变化量。经式(2-2)计算，得到各个渠段调度年内的水量偏差系数。选取完整调度年2017年、2018年、2019年三年各渠段水量偏差系数，进行求和取平均作为各渠段最终水量偏差系数，结果见表2-4。

表2-4　各个渠段水量偏差系数　　　　%

渠段名称	刁河至穿黄	穿黄至漳河	漳河至岗头	岗头至北拒马河
渠段水量偏差系数	1.87	−1.03	−0.47	−6.59

2. 清洗结果展示

对2020年5月26日8时所测的各个节制闸的流量数据（见图2-13）进行清洗，清洗结果显示：该时刻节制闸发生的调整次数为1，发生调整的节制闸为白河倒虹吸出口节制闸和穿黄隧洞出口节制闸；发生数据倒挂15处，修改数据18处，未修改数据42处。

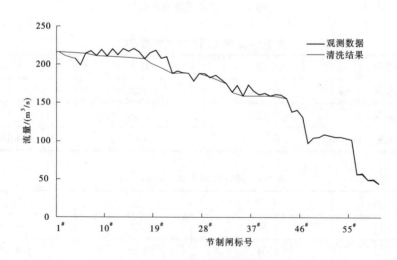

图2-13　全线节制闸流量数据及清洗结果

2.3　长序列稳态工况驱动的水力参数动态识别模型

本节基于清洗后的水情数据、工情监测数据,利用流态判别条件确定节制闸过闸流态,并按流态选取相应的过闸流量计算公式。考虑汛期工况下传统流量公式中节制闸综合流量系数(以下简称综合流量系数)与闸孔开度、闸前水位、闸后水位等影响因素的相关关系,建立基于深度学习算法的长序列稳态工况驱动的水力参数动态识别模型。该模型可以当前水情信息为输入,预测得到节制闸综合流量系数,构建节制闸水力参数与运行状态的函数关系,为一维非恒定流数值模拟模型提供可靠的内边界条件。

2.3.1　闸门参数辨识

2.3.1.1　数据收集与参数计算

收集并整理全线 64 座节制闸 2017 年 10 月至 2021 年 4 月的长序列调度数据,包括过闸流量、节制闸上下游水位、节制闸上下游水头差、闸门开度、弧形闸门开启孔数等信息。

根据水流是否受到闸门控制以及下游水位是否影响过流能力,过闸水流可划分为如下情况:

(1)节制闸开度大于闸前水深时,节制闸不发挥节制作用,此数据不作为参数反演的有效数据。

(2)节制闸开度小于闸前水深时,闸门底缘触及水面时为孔流(见图 2-14);反之,当闸门未触及水面时为堰流(如图 2-15)。当下游水位对闸门过流能力产生影响时为淹没出流,其流量与闸前水位和闸后水位均有关;反之,称为自由出流,其流量仅与闸前水位有关,闸孔自由出流和淹没出流示意如图 2-16、图 2-17 所示。

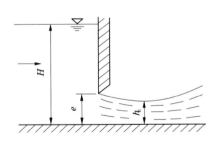

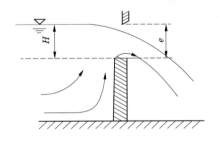

图 2-14　闸孔出流示意　　　　　　　图 2-15　堰流示意

孔流和堰流情况下的流量公式可写为以下形式:

$$Q = mbe\sqrt{2g(H_0 - H_2)} \tag{2-5}$$

$$Q = mb\sqrt{2g}(H_0 - H_2)^{\frac{3}{2}} \tag{2-6}$$

式中:Q 为过闸流量;m 为节制闸综合流量系数;b 为过水断面宽度;e 为闸门开度;g 为重力加速度;H_0 为节制闸闸前水深;H_2 为节制闸闸后水深,在自由出流的情况下可设 H_2 恒等于 0。

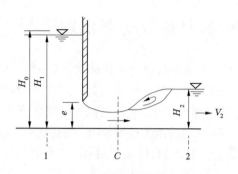

图 2-16　闸孔自由出流示意

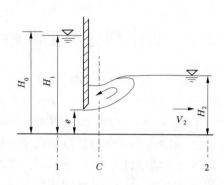

图 2-17　闸孔淹没出流示意

对式(2-5)、式(2-6)进行等式变换得到孔流和堰流情况下的综合流量系数计算公式式(2-7)、式(2-8)。对各节制闸历史数据进行工况分类,分别计算得到不同工况下综合流量系数序列。

$$m = \frac{Q}{be\sqrt{2g(H_0 - H_2)}} \tag{2-7}$$

$$m = \frac{Q}{b\sqrt{2g}(H_0 - H_2)^{\frac{3}{2}}} \tag{2-8}$$

2.3.1.2　数据相关性分析

节制闸综合流量系数通常与闸门形式、过闸流态、闸门开度和节制闸上下游水位及节制闸上下游水头差等因素有关。在确定综合流量系数表达式时,需先判别各节制闸的过流状态,并对不同工况下的历史监测数据进行区分,定量确定综合流量系数与各影响因素的相关关系。本项目拟使用灰色关联分析法进行数据间的相关性分析,该方法是一种多因素统计分析方法,以各因素的样本数据为依据用灰色关联度来描述因素间强弱、大小、次序关系,具有对数据要求较低、计算量较小、能够在很大程度上减少信息不对称带来的损失等特点。

通过相关性分析,计算用于拟合的基础数据。在相对开度 e/H 的基础上,选用 e、e/H_0、e/H_2、$e/(H_0-H_2)$ 4 个自变量,利用长序列历史数据计算出各节制闸 4 个变量对应的数据序列;根据流量公式计算出对应工况下的综合流量系数,作为函数拟合的因变量。

2.3.1.3　闸门参数公式拟合

运用最小二乘法,选用 4 种常用的简洁初等函数(线性函数、指数函数、幂指函数、对数函数)进行曲线拟合,引入 2 个闸门参数 a、b,拟合综合流量系数表达式,此处以节制闸上下游水头差 H_0-H_2 为例,以 $e/(H_0-H_2)$ 为变量,具体公式如下。

(1)线性函数:

$$m = a \cdot \left(\frac{e}{H_0 - H_2}\right) + b \tag{2-9}$$

（2）指数函数：

$$m = a \cdot e^{b\left(\frac{e}{H_0 - H_2}\right)} \tag{2-10}$$

（3）幂指函数：

$$m = a \cdot \left(\frac{e}{H_0 - H_2}\right)^b \tag{2-11}$$

（4）对数函数：

$$m = a \cdot \ln\left(\frac{e}{H_0 - H_2}\right) + b \tag{2-12}$$

式中：m 为综合流量系数；e 为闸门开度；H_0、H_2 为节制闸闸前、闸后水深；a、b 为闸门参数。

拟合过程中，考虑到不同流量及流态对闸门参数的影响不同，为提高闸门参数拟合的准确性和代表性，对各节制闸历史数据划分不同的流量区间并进行分段拟合，经与项目委托方讨论，以大约 50 m³/s 作为一个流量区间（可根据数据情况适当调整区间大小）；安阳河以北由于冰期输水调度，需进一步区分冰期（当年 12 月 1 日至次年 2 月 28 日）和非冰期，再分别划分流量区间进行参数曲线拟合。

2.3.1.4 模型流量验证

将拟合得到的各节制闸不同流量区间的综合流量系数代入流量公式［式(2-5)、式(2-6)］，计算得到拟合后的流量过程，并与实际流量过程进行对比，通过平均流量偏差、最大流量偏差、纳什效率系数判断综合流量系数拟合效果，并通过决定系数 R^2 辅助判断曲线拟合效果。

2.3.2 LSTM 长短记忆神经网络

由于闸门过流计算具有较强的非线性，可基于南水北调中线工程长序列历史水情数据，构建深度学习模型以描述弧形闸门水流过闸时的非线性关系，从而直接得到闸门综合过流系数，同时间接得到过闸流量的时间序列。用该方法进行闸门流量计算时，无须进行参数率定，可直接辨识出闸门综合过流系数与其他过流特性之间的映射关系。

$$m = \eta(Q, H_0, H_2, e) \tag{2-13}$$

当前使用最为广泛的深度学习模型可分为三种：第一种是以 BP 神经网络或 DNN 神经网络为代表的前馈神经网络；第二种为以其他变换函数代替隐藏层变换函数的神经网络，如 RBF 神经网络；第三种为将隐藏层神经元进行改进的循环神经网络，如 RNN 神经网络及 LSTM 神经网络。了解不同种类神经网络原理是建立闸门开度预测模型的前提，对网络结构差异的了解对于模型在中线工程的应用至关重要。

其中，前馈神经网络在水位预测上取得了良好的效果，但不能记住时间序列信息、发掘历史信息间的潜在联系，在模型结构设置方面需要凭借设计者经验自行设置，因此在预测时存在精度不足、模型结构设置烦琐等问题。循环神经网络在结构设计上增加了"记忆模块"，使得 RNN 能够"记住"时间序列信息，如图 2-18(a)所示，并能熟练地执行时间序列任务，提升模型预测精度，因而近年来被广泛使用。但是 RNN 在训练中很容易发生梯度爆炸和梯度消失,梯度在训练时不能一直传递下去,从而使 RNN 无法学习到长周期的因果关系。Hochreiter 和 Schmidhuber(1997)提出了 LSTM,成功地解决了原始循环神经网络的缺陷。LSTM 是一种循环神经网络的变形结构,如图 2-18(b)所示,通过在 RNN 隐藏层各神经单元中增加记忆单元,在普通 RNN 结构上做出改进,从而使时间序列上的记忆信息可控。

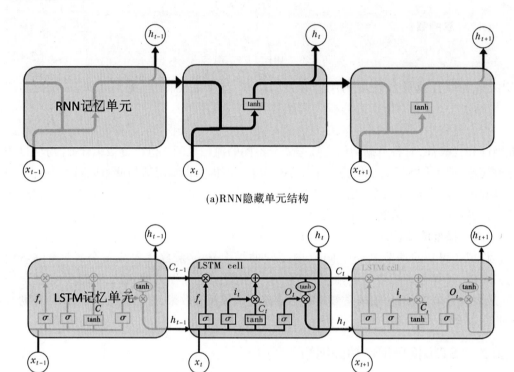

(a)RNN隐藏单元结构

(b)LSTM隐藏单元结构

图 2-18　RNN 隐藏单元结构和 LSTM 隐藏单元结构

2.3.2.1　LSTM 模型结构及门控结构原理

LSTM 单元的记忆信息控制功能通过 LSTM 单元 3 个可控门(遗忘门、输入门、输出门)来实现,遗忘门控制输入信息的丢弃比例,输入门决定输入信息的更新比例并结合遗忘门信息丢弃结果更新单元状态,输出门根据单元状态和输入通过变换确定最终输出,因此 LSTM 单元通过控制信息取舍,使网络拥有长期记忆功能。

LSTM 的前向传播算法如下:

(1)遗忘门(forget gate)计算。输入上一序列的隐藏状态 h_{t-1} 和本序列数据 x_t,通过 sigmoid 激活函数得到遗忘门的输出 f_t。f_t 为 0~1 的数值,决定了上一细胞状态 C_{t-1} 的保留概率,如图 2-19(a)所示。

$$f_t = \sigma(W_t h_{t-1} + U_f x_t + b_f) \tag{2-14}$$

（2）输入门（input gate）计算。h_{t-1} 和 x_t 经过 sigmoid 层和 tanh 层分别得到 i_t 和 $\widetilde{C}_t$。i_t 决定了哪些信息需要更新到细胞状态中，$\widetilde{C}_t$ 为 tanh 层创建的新的候选值向量，根据这两个信息对细胞状态进行更新，如图 2-19（b）所示。

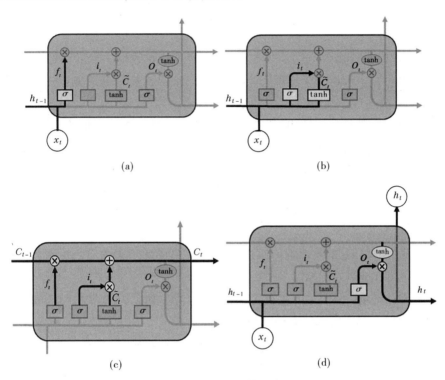

图 2-19　LSTM 门控结构

$$i_t = \sigma(W_i h_{t-1} + U_i x_t + b_i) \tag{2-15}$$

$$\widetilde{C}_t = \tanh(W_C h_{t-1} + U_C x_t + b_C) \tag{2-16}$$

细胞状态更新：在遗忘门和输入门计算之后，当前时刻的细胞状态 $\widetilde{C}_t$ 会根据上一时刻的细胞状态 C_{t-1} 和当前候选值向量 $\widetilde{C}_t$ 进行状态更新，如图 2-19（c）所示。

$$C_t = C_{t-1} \odot f_t + i_t \odot \widetilde{C}_t \tag{2-17}$$

（3）输出门（output gate）计算。细胞状态在输出门经过两部分变换后，最终相乘获得输出部分。第一部分由 sigmoid 层确定细胞状态的输出；第二部分通过 tanh 变换得到一个在 −1 到 1 之间的值，如图 2-19（d）所示。

$$o_t = \sigma(W_o h_{t-1} + U_o x_t + b_o) \tag{2-18}$$

$$h_t = o_t \odot \tanh(C_t) \tag{2-19}$$

式中：o_t 为输出门；$\odot$ 为 Hadamard 积；W_f、W_i、W_o 分别表示从遗忘门、输入门、输出门到输入的权值矩阵；U_f、U_i、U_o 分别表示从遗忘门、输入门和输出门到隐藏层的权重矩阵；b_f、

b_i、b_o 分别表示遗忘门、输入门和输出门的偏置向量；$\sigma(\cdot)$ 为门激活函数，sigmoid 函数，tanh($\cdot$) 为输出激活函数，公式如下：

$$\sigma(x) = \frac{1}{1 + e^{-x}} \qquad (2\text{-}20)$$

$$\tanh(x) = \frac{e^x - e^{-x}}{e^x + e^{-x}} \qquad (2\text{-}21)$$

2.3.2.2　深度学习框架

随着计算机技术和机器学习算法的深入研究，许多深度学习框架也随之得到较快发展。使用合适的深度学习框架能方便地设计神经网络结构，TensorFlow、Theano、Keras、Caffe、PyTorch 等框架被广泛使用，其中 PyTorch 备受广大研究人员的欢迎。PyTorch 是由 Facebook 开源的神经网络框架，专门针对 GPU 加速的深度神经网络(DNN)编程。

模型拟基于 PyTorch 框架构建 LSTM 深度学习模型，其具有如下优点：

（1）简洁。PyTorch 的设计者追求最少的封装，尽量避免重复"造轮子"，PyTorch 的源码只有 TensorFlow 的 1/10 左右，更少的抽象、更直观的设计使 PyTorch 的源码十分易于阅读。

（2）高效。PyTorch 的灵活性不以速度为代价，在许多评测中，PyTorch 的速度表现胜过 TensorFlow 和 Keras 等框架。

（3）便利。框架提供大量的深度学习模型，可减轻研究人员烦琐的代码工作。其数据流式图支持非常自由的算法表达，可轻松实现深度学习以外的机器学习算法。

LSTM 模型包括了训练、验证和测试三个阶段。经过数据归一化处理后，为保持独立同分布的特性，将数据按 7∶2∶1 顺序划分为训练集、验证集、测试集。由于闸门流量公式中，过闸流量与闸前水位、闸后水位、闸门开度具有较强的相关性，其间的具体函数关系无须推求，可直接用黑箱模型代替，故以 0 时刻至 t 时刻的闸门开度，1 时刻至 $t+1$ 时刻的闸前水位、闸后水位以及过闸流量作为模型输入，该输入是一个 $4 \times t$ 的二维矩阵。二维矩阵输入到模型后，首先经过一层输出维度为 32 的 LSTM 层，得到 4×32 的二维中间变量；其次经过输出维度为 64 的 LSTM 层，得到 4×64 的二维中间变量，将其展平为 256 的一维变量；最后经过全连接层得到模型计算结果，即模型输出。该方法具有较强的自适应特点，可随着数据的更新，自适应调整模型参数，避免了不断进行参数率定的不便，极大程度减轻了计算的工作量，提高了可靠性。

2.3.3　实例分析

在南水北调中线工程中，由于中线工程首末两端闸门分别连接上游水库、下游泵站等非渠道建筑物，其过流特性相较于工程中其余闸门会受到一定程度的影响，因此为控制环境变量。以工程总干渠中间 59 座节制闸(2#刁河渡槽进口节制闸~60#坟庄河倒虹吸出口节制闸)为研究对象，选择 2018 年 1 月至 2019 年 12 月共两年 2 h 间隔的历史监测数据(闸前水位、闸后水位、过闸流量、闸门开度)作为数据源。经工程情况分析，中线工程各节制闸处的流态多为淹没出流，故根据相对开度进行流态判断后，保留淹没出流状态下的有效数据作为模型输入,采用 LSTM 模型对各闸门的流量系数进行参数辨识。限于篇幅,随机选择中线工程上游、中游、下游各 1 个节制闸(分别为:6#十二里河渡槽进口节制闸、28#闫河倒虹吸出口节制闸、56#岗头隧洞进口节制闸),LSTM 模型下其闸门流量系数拟合结果如图 2-20 所示。

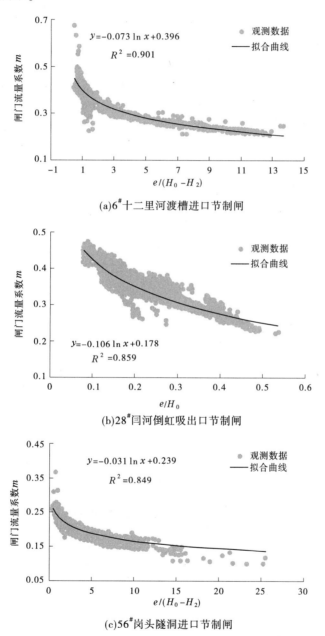

(a)6#十二里河渡槽进口节制闸

(b)28#闫河倒虹吸出口节制闸

(c)56#岗头隧洞进口节制闸

图 2-20　LSTM 模型预测效果展示

南水北调中线总干渠中间 59 座节制闸综合流量系数率定结果如表 2-5 所示。

表 2-5　59 座节制闸综合流量系数率定结果

编号	节制闸名称	曲线类型	公式形式	R^2
2#	刁河渡槽进口节制闸	exp	$m = 0.427 \exp(-0.142x)$	0.862
3#	湍河渡槽进口节制闸	line	$m = -0.268x + 0.372$	0.840
4#	严陵河渡槽进口节制闸	exp	$m = 0.478 \exp(-0.997x)$	0.970
5#	淇河倒虹吸出口节制闸	power	$m = 0.298x^{-0.127}$	0.854
6#	十二里河渡槽进口节制闸	ln	$m = -0.073 \ln x + 0.396$	0.901
7#	白河倒虹吸出口节制闸	ln	$m = -0.082 \ln x + 0.106$	0.924
8#	东赵河倒虹吸出口节制闸	line	$m = -0.084x + 0.098$	0.891
9#	黄金河倒虹吸出口节制闸	exp	$m = 0.365 \exp(-1.381x)$	0.979
10#	草墩河渡槽进口节制闸	ln	$m = -0.062 \ln x + 0.369$	0.930
11#	澧河渡槽进口节制闸	exp	$m = 0.309 \exp(-0.062x)$	0.911
12#	澎河渡槽进口节制闸	line	$m = 0.199x + 0.437$	0.810
13#	沙河渡槽进口节制闸	power	$m = 0.386x^{-0.227}$	0.920
14#	玉带河倒虹吸出口节制闸	line	$m = -0.19x + 0.234$	0.948
15#	北汝河倒虹吸出口节制闸	line	$m = -0.139x + 0.234$	0.906
16#	兰河渡槽进口节制闸	ln	$m = -0.038 \ln x + 0.263$	0.948
17#	颍河倒虹吸出口节制闸	exp	$m = 0.272 \exp(-1.153x)$	0.934
18#	小洪河倒虹吸出口节制闸	line	$m = -0.199x + 0.249$	0.962
19#	双泪河渡槽进口节制闸	power	$m = 0.211x^{-0.237}$	0.864
20#	梅河倒虹吸出口节制闸	power	$m = 0.435x^{0.418}$	0.939
21#	丈八沟倒虹吸出口节制闸	line	$m = -0.177x + 0.282$	0.910
22#	潮河倒虹吸出口节制闸	ln	$m = -0.083 \ln x + 0.103$	0.895
23#	金水河倒虹吸出口节制闸	exp	$m = 0.061 \exp(-0.880x)$	0.907
24#	须水河倒虹吸出口节制闸	ln	$m = -0.081 \ln x + 0.129$	0.895
25#	索河渡槽进口节制闸	exp	$m = 0.445 \exp(-1.311x)$	0.973
26#	穿黄隧洞出口节制闸	exp	$m = 0.541 \exp(-1.184x)$	0.975
27#	济河倒虹吸出口节制闸	power	$m = 0.380x^{-0.161}$	0.922
28#	闫河倒虹吸出口节制闸	ln	$m = -0.106 \ln x + 0.178$	0.859
29#	溃城寨河倒虹吸出口节制闸	line	$m = -0.232x + 0.324$	0.930
30#	峪河暗渠进口节制闸	exp	$m = 0.462 \exp(-1.430x)$	0.964

续表 2-5

编号	节制闸名称	曲线类型	公式形式	R^2
31#	黄水河支倒虹吸出口节制闸	line	$m=-0.263x+0.331$	0.963
32#	孟坟河倒虹吸出口节制闸	ln	$m=-0.112\ln x+0.122$	0.926
33#	香泉河倒虹吸出口节制闸	line	$m=-0.406x+0.446$	0.924
34#	淇河倒虹吸出口节制闸	line	$m=0.025x+0.936$	0.874
35#	汤河涵洞式渡槽进口节制闸	power	$m=0.295x^{-0.191}$	0.905
36#	安阳河倒虹吸出口节制闸	exp	$m=0.012\exp(2.280x)$	0.968
37#	漳河倒虹吸出口节制闸	exp	$m=0.316\exp(-1.339x)$	0.958
38#	牤牛河南支渡槽进口节制闸	ln	$m=-0.057\ln x+0.377$	0.922
39#	沁河倒虹吸出口节制闸	power	$m=0.465x^{0.410}$	0.851
40#	洛河渡槽进口节制闸	exp	$m=0.547\exp(-1.243x)$	0.941
41#	南沙河倒虹吸出口节制闸	power	$m=0.573x^{0.170}$	0.900
42#	七里河倒虹吸出口节制闸	line	$m=0.016x+0.635$	0.846
43#	白马河倒虹吸出口节制闸	line	$m=0.019x+0.653$	0.876
44#	李阳河倒虹吸出口节制闸	exp	$m=0.363\exp(-1.146x)$	0.966
45#	午河渡槽进口节制闸	line	$m=-0.256x+0.357$	0.924
46#	槐河(一)倒虹吸出口节制闸	line	$m=0.013x+0.729$	0.853
47#	洨河倒虹吸出口节制闸	exp	$m=0.326\exp(-1.101x)$	0.950
48#	古运河暗渠进口节制闸	ln	$m=-0.157\ln x+0.154$	0.935
49#	滹沱河倒虹吸出口节制闸	ln	$m=-0.03\ln x+0.252$	0.928
50#	磁河倒虹吸出口节制闸	ln	$m=-0.034\ln x+0.259$	0.916
51#	沙河(北)倒虹吸出口节制闸	ln	$m=-0.041\ln x+0.274$	0.900
52#	漠道沟倒虹吸出口节制闸	exp	$m=0.295\exp(-1.069x)$	0.948
53#	唐河倒虹吸出口节制闸	exp	$m=0.309\exp(-1.347x)$	0.967
54#	放水河渡槽进口节制闸	ln	$m=-0.052\ln x+0.358$	0.956
55#	蒲阳河倒虹吸出口节制闸	ln	$m=-0.122\ln x+0.071$	0.984
56#	岗头隧洞进口节制闸	ln	$m=-0.031\ln x+0.239$	0.849
57#	西黑山节制闸	exp	$m=0.341\exp(-0.081x)$	0.881
58#	瀑河倒虹吸出口节制闸	ln	$m=-0.008\ln x+0.066$	0.926
59#	北易水倒虹吸出口节制闸	line	$m=-0.212x+0.221$	0.941
60#	坟庄河倒虹吸出口节制闸	exp	$m=0.325\exp(-1.77x)$	0.987

注:表格中,line 表示直线型;ln 表示对数型;exp 表示指数型;power 表示幂指数型。

2.4　明渠调水工程一维水动力模拟模型及加速求解技术

本项目拟收集整理中线工程沿线雨量站历史雨情信息及工程水情、工情数据,建立耦合暴雨过程的一维水动力仿真模型,并动态反演输水干渠曼宁糙率系数,提高暴雨过程中降雨区及上下游的水情状态精准预测和系统感知能力,并结合输水渠道水位安全阈值进行水情动态预警。

2.4.1　一维水动力模型

2.4.1.1　基本控制方程

河渠一维水流运动的基本控制方程是圣维南方程组,暴雨入渠计算模型采用包含均匀旁侧入流的一维非恒定流圣维南方程组模拟明渠水流运动特性,包括连续方程式(2-22)和动量方程式(2-23):

$$B\frac{\partial Z}{\partial t} + \frac{\partial Q}{\partial x} = q \tag{2-22}$$

$$\frac{\partial Q}{\partial t} + \frac{\partial}{\partial x}\left(\frac{\alpha Q^2}{A}\right) + gA\frac{\partial Z}{\partial x} + gAS_f = 0 \tag{2-23}$$

式中:B 为过水断面表面宽度,m;Z 为水位,m;t 为时间,s;Q 为流量,m³/s;x 为沿主流向的渠道纵向距离,m;q 为旁侧入流,m³/(s·m);α 为动量校正系数;A 为过水面积,m²;g 为重力加速度,m/s²;S_f 为摩阻比降,可由下式表示:

$$S_f = \frac{n_c^2 Q|Q|}{A^2 R^{4/3}} \tag{2-24}$$

式中:n_c 为输水渠道曼宁糙率系数;R 为水力半径,m。

2.4.1.2　方程的离散与线性化

圣维南方程组属于一阶线性双曲型偏微分方程组,目前尚无法得其解析解,只能依靠数值离散方法求得其近似解。有限差分法(FDM)是数值模拟中应用最广的一类方法,其采用有限节点上的值来代替整个求解区域的连续函数值。根据计算过程是否依赖待求时刻的未知量,有限差分法可分为显式格式和隐式格式两种。本模型采用收敛速度快、稳定性好的 Preissmann 四点带权隐式差分格式对圣维南方程组进行离散,离散网格形式如图 2-21 所示。

在该格式下,因变量及其在空间、时间上的导函数的差分形式如下:

$$f(x,t)\Big|_M = \frac{\theta}{2}(f_{i+1}^{n+1} + f_i^{n+1}) + \frac{1-\theta}{2}(f_{i+1}^n + f_i^n) \tag{2-25}$$

$$\frac{\partial f}{\partial x}\bigg|_M = \theta\frac{f_{i+1}^{n+1} - f_i^{n+1}}{\Delta x} + (1-\theta)\frac{f_{i+1}^n - f_i^n}{\Delta x} \tag{2-26}$$

$$\frac{\partial f}{\partial t}\bigg|_M = \frac{f_{i+1}^{n+1} + f_i^{n+1} - f_{i+1}^n - f_i^n}{2\Delta t} \tag{2-27}$$

式中:θ 为加权系数,$0 \leq \theta < 1.0$;f 表示函数值;下标 i、$i+1$ 分别表示第 i 和第 $i+1$ 个断面;

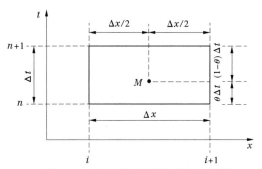

图 2-21　四点带权隐式差分格式示意

上标 n、$n+1$ 分别表示第 n 和第 $n+1$ 时刻；Δt 是时间离散步长，s；Δx 是空间离散步长，m。

在 Preissmann 格式中：当 $0.5 \leqslant \theta \leqslant 1.0$ 时，该格式无条件稳定。在本模型中，θ 取值为 0.75。为控制数值弥散产生的相位误差，通过时间离散步长 Δt 和空间离散步长 Δx 的合理搭配，进一步改善格式的稳定性。在本模型中，Δx 根据设定的 Δt 自动划分，取 $\Delta x = \Delta t \sqrt{gh_{ds}^0}$，$h_{ds}^0$ 为计算渠段下游控制断面的初始水深。在实际计算过程中，当设定的时间步长调整时，模型计算的空间步长也随之做出相应变化。

利用式（2-25）、式（2-26）、式（2-27）对式（2-22）、式（2-23）进行离散，忽略二阶微量后可简化为线性方程组，能够直接求解。在本模型中，待求解未知量为计算断面的水位和流量。第 i 和第 $i+1$ 个断面间的渠道控制方程可线性化成如下格式：

$$- Q_i^{n+1} + C_i Z_i^{n+1} + Q_{i+1}^{n+1} + C_i Z_{i+1}^{n+1} = D_i \tag{2-28}$$

$$E_i Q_i^{n+1} - F_i Z_i^{n+1} + G_i Q_{i+1}^{n+1} + F_i Z_{i+1}^{n+1} = \Phi_i \tag{2-29}$$

式中：Q_i^{n+1}、Z_i^{n+1} 是第 i 个断面在第 $n+1$ 时刻的流量和水位；系数 C_i、D_i、E_i、G_i、F_i、Φ_i 均可由水力参数和第 n 时刻的水力要素计算得到，表示如下：

$$
\begin{cases}
C_i = \dfrac{B_{i+\frac{1}{2}}^n \Delta x_i}{2 \Delta t \theta} \\[3mm]
D_i = \dfrac{q_{i+\frac{1}{2}} \Delta x_i}{\theta} - \dfrac{1-\theta}{\theta}(Q_{i+1}^n - Q_i^n) + C_i(Z_{i+1}^n + Z_i^n) \\[3mm]
E_i = \dfrac{\Delta x_i}{2\theta \Delta t} - (\alpha u)_i^n + \left(\dfrac{g|u|n^2}{2\theta R^{\frac{4}{3}}} \right)_i^n \Delta x_i \\[3mm]
G_i = \dfrac{\Delta x_i}{2\theta \Delta t} + (\alpha u)_{i+1}^n + \left(\dfrac{g|u|n^2}{2\theta R^{\frac{4}{3}}} \right)_i^n \Delta x_i \\[3mm]
F_i = (gA)_{i+\frac{1}{2}}^n, \\[3mm]
\Phi_i = \dfrac{\Delta x_i}{2\theta \Delta t}(Q_{i+1}^n + Q_i^n) - \dfrac{1-\theta}{\theta}\left[(\alpha u Q)_{i+1}^n - (\partial u Q)_i^n \right] - \dfrac{1-\theta}{\theta}(gA)_{i+\frac{1}{2}}^n (Z_{i+1}^n - Z_i^n)
\end{cases}
\tag{2-30}
$$

式中：$B_{i+\frac{1}{2}}^n$ 为第 i 个断面和第 $i+1$ 个断面宽度在第 n 时刻的平均值，m；u 为断面平均流速，m/s；其余变量含义同上。

2.4.1.3 模型内部边界条件

在输水系统中，水力特性或几何形状发生明显变化的节点被称为内部边界。明渠调水工程的建筑物类型众多，涉及节制闸、倒虹吸、渐变段、分水口、退水闸、渡槽、涵洞、桥梁等多种内部边界。针对内部边界，圣维南方程组不再适用，必须对其进行特殊处理。为了与渠道圣维南方程联立求解，通常根据建筑物过流特性，选择水位-流量关系、动量方程、能量方程、连续方程中的任意两个作为控制方程。

1. 节制闸

节制闸是明渠调水工程中广泛使用的建筑物之一，其通过调节闸门开启度来控制渠道的水位和流量。根据水流是否受到闸门控制以及下游水位是否影响过流能力，过闸水流可划分为多种情况。闸门底缘触及水面时是孔流；反之，当闸门不触及水面时为堰流。当下游水位对堰闸过流能力产生影响时为淹没出流；反之，称为自由出流。宽顶堰闸孔出流如图 2-22 所示。

流量公式是计算堰闸水流的基本公式，其反映了不同情况下节制闸的过流能力。本模型选择连续方程和流量公式作为节制闸内边界的控制方程。假设节制闸前后断面分别为 i 和 $i+1$ 断面，忽略节制闸处的流量损失，则该位置的连续方程可写成：

$$Q_i = Q_{i+1} \tag{2-31}$$

式中：Q_i 和 Q_{i+1} 分别为节制闸闸前和闸后断面的流量，m^3/s。

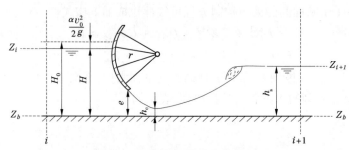

图 2-22　宽顶堰闸孔出流示意

明渠调水工程中的节制闸属于低水头水工建筑物，其流量计算应采用宽顶堰的计算方法。由于不同出流情况下的流量公式不同，选择公式前应首先确定堰闸的出流状态。本模型采用以下堰闸水流判别方法：当 $e/H>0.65$ 时为堰流，$e/H\leq0.65$ 时为孔流。孔流和堰流情况下的流量公式可写为以下形式：

$$Q = MBe\sqrt{2g(H_0 - H_2)} \tag{2-32}$$

$$Q = MB\sqrt{2g}(H_0 - H_2)^{\frac{3}{2}} \tag{2-33}$$

式中：Q 为过闸流量；M 为节制闸综合流量系数；B 为过水断面宽度；e 为闸门开度；g 为重力加速度；H_0 为节制闸上游水深；H_2 为节制闸下游水深，在自由出流的情况下可设 H_2 恒等于 0。

流量公式中的综合流量系数 M 与堰闸形式、运行工况，以及建筑物特性紧密相关。由于比尺效应、设备老化、不确定性扰动等多类客观因素的影响，已有的经验公式或图表在实际工程应用时往往无法满足精度要求。对于已经运行的调水工程，长序列监测数据为综合流量系数的确定提供了便利条件。基于长序列水位、流量、开度监测数据,可通过上文中的流量公式反算综合流量系数。随后,建立综合流量系数与可测或已知的主要参量间的函数关系,用于已运行调水工程的水动力过程计算。在模型应用时,节制闸以各孔水闸的平均开度过程作为输入量。不同工况下的综合流量系数表达式需提前确定并存储,以供使用。

2. 倒虹吸

倒虹吸是一种典型的无调节能力的水工建筑物,常采用多孔并联的布置形式。在正常输水期,为避免出现管道水锤及其次生现象,倒虹吸进、出口均为淹没状态。在此情况下,倒虹吸在水动力模型中可按照水力损失处理,故选择连续方程和能量方程作为其控制方程。

假设倒虹吸进口断面和出口断面分别为 i 和 $i+1$ 断面,连续方程可表示为:

$$Q_i = Q_{i+1} \tag{2-34}$$

式中: Q_i 和 Q_{i+1} 分别表示倒虹吸进口断面和出口断面的流量,m^3/s。

在多孔并联倒虹吸中,单孔倒虹吸的能量方程可表示为:

$$Z_i = Z_{i+1} + \left(\frac{2gn_{is}^2 L_{is}}{r_{is}^{4/3}} + \xi_{is}\right)\frac{q_{is}^2}{2ga_{is}^2} \tag{2-35}$$

式中: Z_i 和 Z_{i+1} 分别表示倒虹吸进、出口断面水位,m; n_{is} 为倒虹吸曼宁糙率系数; L_{is} 为倒虹吸长度,m; r_{is} 为单孔倒虹吸的水力半径,m; ξ_{is} 为倒虹吸局部水力损失系数; q_{is} 为单孔倒虹吸通过的流量,m^3/s; a_{is} 为单孔倒虹吸的过水面积,m^2。

当并联倒虹吸中各孔尺寸、型式相同时,并联倒虹吸整体的水力半径、平均流速与各孔的水力半径、流速完全相同。此时,并联倒虹吸整体的能量方程可改写成:

$$Z_i = Z_{i+1} + \left(\frac{2gn_{is}^2 L_{is}}{R_{is}^{4/3}} + \xi_{is}\right)\frac{Q_{i+1}^2}{2gA_{is}^2} \tag{2-36}$$

式中: R_{is} 为并联倒虹吸水力半径,m; A_{is} 为并联倒虹吸的过水面积,m^2。

3. 分水口/退水闸

调水工程的首要任务是满足工程沿线的供水需求,该目标常通过输水线路上设置的若干分水口实现。在应急工况(如突发水污染、局地突发暴雨等)或一些特殊情况(如生态补水)下,可能还会启用退水闸。从对渠道水流的影响来看,分水口和退水闸的本质是相同的,都是控制水流流出系统的建筑物,见图 2-23。图 2-23 中 i、$i+1$ 分别表示分水口或退水闸上游和下游控制断面的编号; Q_f 为分水口或退水闸的流量,m^3/s。

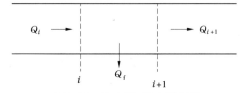

图 2-23　分水口/退水闸示意

分水口和退水闸的位置可看作渠道的汇合点,其控制方程可由连续方程(水量平衡方程)和水位相等条件表示:

$$Q_i = Q_{i+1} + Q_f \tag{2-37}$$

$$Z_i = Z_{i+1} \tag{2-38}$$

限于篇幅,这里仅对节制闸、倒虹吸、分水口/退水闸等典型建筑物的处理过程做了说明。

2.4.1.4　模型外部边界条件

假设明渠调水工程共包含 N_s 个断面,则整个系统共包含 $2N_s$ 个未知量(N_s 个水位和 N_s 个流量),水动力模型求解也需要 $2N_s$ 个相互独立的方程。N_s 个断面共产生 N_s-1 个建筑物,存在 $2N_s-2$ 个控制方程,还需补充上、下游 2 个外部边界条件才能形成封闭的方程组。

水动力模型的外部边界有 3 种类型,包括:水位边界、流量边界、水位-流量关系边界。其中,水位-流量关系不能用于上游外边界,否则会导致计算不稳定。因此,外边界条件共包括 5 种情况。假设上游入口边界为第 1 个断面,下游出口边界为第 N_s 个断面,则有:

(1)上游入口水位边界

$$Z_1^{n+1} = Z_{up}^{n+1} \tag{2-39}$$

式中:Z_{up}^{n+1} 为上游边界 $n+1$ 时刻的水位。

(2)上游入口流量边界

$$Q_1^{n+1} = Q_{up}^{n+1} \tag{2-40}$$

式中:Q_{up}^{n+1} 为上游边界 $n+1$ 时刻的流量。

(3)下游出口水位边界

$$Z_{N_s}^{n+1} = Z_{down}^{n+1} \tag{2-41}$$

式中:Z_{down}^{n+1} 为下游边界 $n+1$ 时刻的水位。

(4)下游出口流量边界

$$Q_{N_s}^{n+1} = Q_{down}^{n+1} \tag{2-42}$$

式中:Q_{down}^{n+1} 为下游边界 $n+1$ 时刻的流量。

(5)下游出口水位-流量关系边界

$$Q_{N_s}^{n+1} = f^{n+1}(Z_{N_s}^{n+1}) \tag{2-43}$$

式中:f^{n+1} 表示下游边界 $n+1$ 时刻的水位-流量关系。

边界条件的选择与模型应用场景密切相关。为满足本项目研究需求,拟采用上游流量边界、下游水位边界这一组合。

2.4.1.5　模型求解

根据各类建筑物的线性化控制方程以及边界条件,明渠调水工程的一维水动力模型可写成矩阵形式:

$$AX = Y \tag{2-44}$$

式中:A 和 Y 中的元素均为已知值,X 中的元素为待求解量,即各控制断面的水位和流量。

利用建筑物参数、n 时刻的水情要素、$n+1$ 时刻的边界条件,可计算得到 A 和 Y 中的各元素值,随后采用追赶法可求解得到 $n+1$ 时刻各断面的水位和流量,即系统水情状态。

2.4.2　加速技术

在一维水动力计算中,网格划分下的计算节点数由总研究时段下的时间步长和总渠道长度下的空间步长确定。且由理论已知,所取时空步长的比值决定了模型求解时的速度、稳定性和收敛性。

目前,在复杂流体问题计算中,FLUENT 软件因其能够稳定求解的非结构化网格技术、鲁棒极好的求解器及成熟的并行计算能力被广泛应用。在 FLUENT 的耦合求解方法中,对时间步长格式起主要控制作用的是库朗数(Courant number)。库朗数是描述时空步长相对关系的物理量。由经验可得,在多相流瞬态计算时,库朗数取值一般在 1~10,随着库朗数的增大,模型收敛速度逐渐加快,但是稳定性逐渐降低。

为了同时保证模型的计算精度和求解速度,充分利用库朗数对稳定性和收敛性的调节作用,取库朗数为 1(可保证求解稳定),建立时间步长与空间步长的相对关系:

$$Courant = u\frac{\Delta t}{\Delta x} = 1 \tag{2-45}$$

式中:u 为平均流速,m/s;Δt 为时间步长;Δx 为空间步长。

同时,根据弗劳德数定义(动能与势能之比),在临界流或接近临界流状态下,可取:

$$Fr = u/\sqrt{gh} = 1 \tag{2-46}$$

式中:g 为重力加速度,m/s²;h 为渠道水深,m。

将式(2-45)代入式(2-46)可得:

$$\Delta x = \Delta t\sqrt{gh} \tag{2-47}$$

由此可见,一维水动力模型中可设置空间步长与时间步长成正比关系。同时,由于实际计算中各渠道长度不同,各渠道分段原则和空间计算节点数计算如下:

$$N = \frac{L}{\Delta X} \tag{2-48}$$

式中:N 为渠道分段数;L 为渠道计算长度,m。当 N 为整数时,渠道分段数为 N,空间步长为 Δx,除去初始边界条件,节点数为 N;当 N 不为整数时,渠道分段数为 $N+1$,空间步长为 $\Delta x = L/(N+1)$,除去初始边界条件,节点数为 $N+1$。

由此提出的时空步长自适应关系,在时间步长大、渠道深水区部分采用较大空间网格剖分;在时间步长小、渠道浅水区部分采用较小空间网格剖分。通过对渠段计算节点数的动态划分,可平衡模型计算速度和计算精度。等步长网格与自适应网格划分如图 2-24 所示。

2.4.3　实例分析

以研究范围内选取的 1 组连续渠段群为例,对其降雨入渠水动力过程模拟的操作流程进行说明,包括:模型边界选择、模型参数设定及耦合降雨水动力仿真结果展示形式 3 个部分。研究范围内相关节制闸均按以下流程进行操作。

2.4.3.1　模型边界条件

在对该过程进行模拟时,外部边界处的水位、流量均为已知值。本节模拟时模型的上

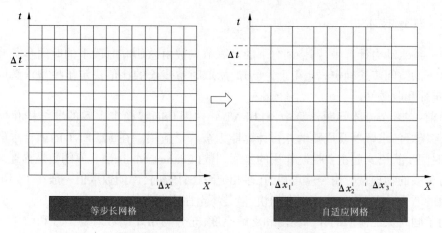

图 2-24　等步长网格与自适应网格划分

游采用流量边界,下游采用水位边界。其中,上游选择 $S^\#$ 节制闸过闸流量过程,下游选择 $M^\#$ 节制闸闸前水位过程,其中 $M>S+2$,见图 2-25。模拟时段所选区域内 $N^\#$ 节制闸的调控过程见图 2-26,$N^\#$ 渠池降雨过程见图 2-27。

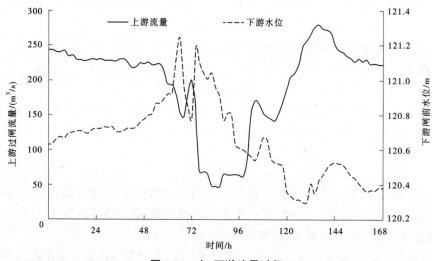

图 2-25　上、下游边界过程

2.4.3.2　模型参数设定

暴雨入渠计算模型本质为一维水动力模型,其参数主要包括闸门过闸流量系数、倒虹吸曼宁糙率系数和局部损失系数、渠道曼宁糙率系数等。

1. 闸门过闸流量系数

在研究区域中,调控建筑物仅包含节制闸,且各节制闸均具备长序列的水位、流量观测数据,可直接利用历史监测数据反算不同时刻的综合流量系数,并拟合得到不同工况下的流量公式。

2. 倒虹吸曼宁糙率系数和局部损失系数

由于倒虹吸管身受外界环境变化影响较小,故研究区域内各倒虹吸的曼宁糙率系数

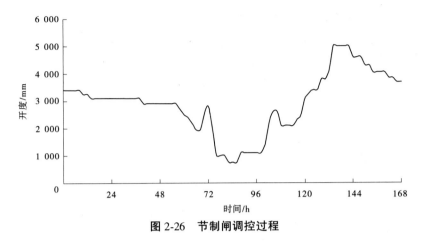

图 2-26　节制闸调控过程

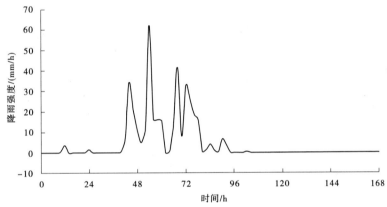

图 2-27　渠池降雨过程

和局部损失系数取设计值。

3. 渠道曼宁糙率系数

假设每个渠池内的各渠段曼宁糙率系数相同,即一个渠池内的不同断面采用同一个糙率系数。使用最近一周的历史监测数据,基于单目标优化算法,以各渠道糙率系数为决策变量,计算结果与实际监测数据的平均偏差为优化目标,动态反演得到最符合工程实际情况的糙率系数。率定结果以表格的形式展示,如表 2-6 所示。

表 2-6　渠池曼宁糙率系数率定结果

渠池入口	渠池出口	率定参照点	参考水位/m	模拟水位/m	绝对误差/m	糙率系数
$S^{\#}$	$S+1^{\#}$	$S^{\#}$闸后	74.12	74.121	0.001	0.015
⋮	⋮	⋮	⋮	⋮	⋮	⋮
$N^{\#}$	$N+1^{\#}$	$N^{\#}$闸后	72.82	72.838	0.018	0.014
⋮	⋮	⋮	⋮	⋮	⋮	⋮
$M^{\#}$	$M+1^{\#}$	$M^{\#}$闸后	71.62	71.646	0.026	0.017

2.4.3.3　耦合降雨水动力仿真结果展示形式

采用设置的边界条件和参数,当下游 $M^{\#}$ 节制闸流量发生变化时,利用一维水动力模型对 $N^{\#}$ 节制闸水位、流量变化过程进行仿真模拟,得到模拟区域内闸前水位、闸后水位、过闸流量等数据。结果展现形式采用较为直观的曲线图形式展示,如图 2-28~图 2-31 所示。

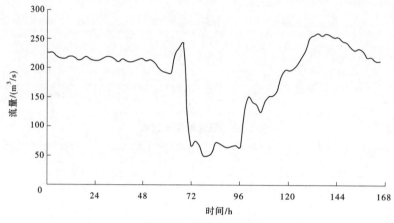

图 2-28　下游流量变化

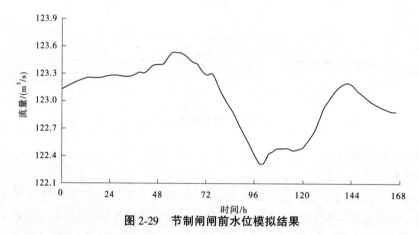

图 2-29　节制闸闸前水位模拟结果

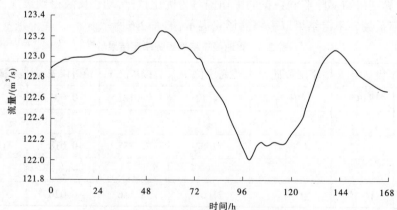

图 2-30　节制闸闸后水位模拟结果

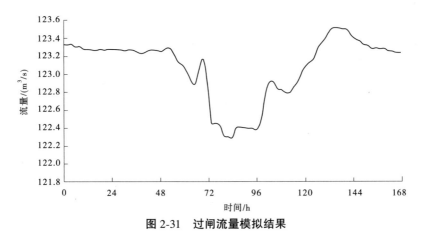

图 2-31　过闸流量模拟结果

将实测值与加入降雨后的模拟值进行对比,模拟 7 月 17—24 日连续 7 d 的暴雨影响下的水动力过程,考虑降雨过程的影响,节制闸闸前、闸后水位模拟效果如图 2-32 和图 2-33 所示,流量模拟效果如图 2-34 所示。

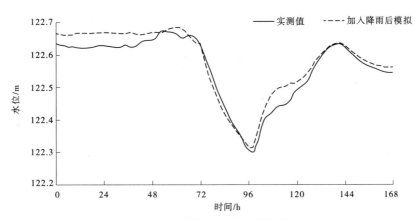

图 2-32　节制闸闸前水位模拟效果

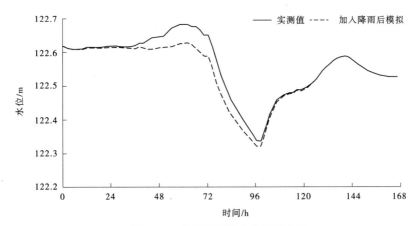

图 2-33　节制闸闸后水位模拟效果

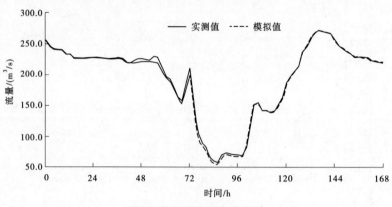

图 2-34　流量模拟效果

　　由加入降雨后的实测值与模拟值对比可知,建立的耦合降雨过程的一维水动力仿真模型提高了水动力模型的仿真精度,连续 7 d 的水位模拟误差小于 0.1 m,流量模拟误差小于 5%,结果证明构建模型能够实现水动力过程的精确仿真。

第 3 章　汛期常规与应急水量水力协同优化调控技术

3.1　概　述

　　常规调控是调水工程的主要业务,指在工程正常运行,无突发极端事件下的日常调控运行,是调水工程发挥调水功能、实现水量分配的核心。调水工程的水力控制目标主要以安全控制和输水稳定控制为主,即控制河渠水位和输水流量在合理的范围,保证工程安全及输水效率。应急调控,通常是指当工程沿线任意位置发生工程事故、水污染或集中暴雨等突发性强、危害性大的事故时,为减小突发情况对工程及下游地区的危害,对局部甚至整个输水系统进行时间和空间上的调控。实际中,长距离调水工程具有输水线路长、调度目标多、控制标准高、运行工况复杂等特点,以及进入汛期后,沿线降雨明显增加,渠道水位变化迅速,再加上工程本身动态调控产生的复杂的水力响应过程,会导致局部区域或整个调水系统水情状态、运行工况的变化,工程调控难度极大。考虑到上述的问题,进行水量水力调控的研究对于调水工程的常规调控十分重要。

　　近几十年来,对于调水工程的水量调度与水力调控的研究,国内外学者进行了大量的尝试与探索,积累了丰富的成果和经验。国外水量调度最早是 Masse 提出的关于水库优化调度问题的研究,美国陆军工程师兵团、Emergy 和 Meek 分别为解决密苏里河流域、尼罗河流域水库群调度问题构建了专门的模拟模型。Cohon 和 Marks 将多目标理论应用在大型流域开发方案分析当中。Sheer 等利用优化和仿真技术相结合的方法在华盛顿特区建立了水资源配置系统,增加了现有水量供应,同时通过将分布分析和水文模型结合起来与复杂的水分配系统相联系的技术来预测需水量。1979 年,美国麻省理工学院进行了阿根廷 Rio Colorado 流域的水资源开发规划,提出了多目标规划理论、水资源规划、模拟模型技术的数学模型方法,并且应用到流域水量的规划。卢华友等基于模拟模型和优化技术相结合的大系统分解协调策略构建了实时调度模型,将中线工程概化成 16 个子系统,利用水库调度图,采用多维离散微分动态规划法或双状态动态规划法等进行求解,分两层进行优化,以旬尺度为优化时段,顺时序逐时段修正更新预报,进行面临时段的优化决策。王银堂等在前者基础上增加了水库调度层,建立了三层递阶水量优化调度模型,求解出水库的优化调度图,然后可根据当年来水、需水预测,制订年调度计划。Haimes 等进一步将模拟模型向前推进发展,应用多层次管理技术对地表水库、地下含水层的联合调度进行了研究。渠道控制算法是渠道自动控制系统的核心,它描述了从输入水流信息(一般是水位、流量),到输出控制作用(一般是闸门动作)的整个逻辑过程。20 世纪末出现了二次最优控制算法和预测控制算法,北美和欧洲主要应用的是 PID 算法。Wahlin 首次讨论了基于积分时滞模型的渠道预测控制算法设计,并且通过仿真模型证实了算法在渠池水位调控上的有效性。Overloop 等将基于积分时滞模型的预测控制算法应用于实际的工程渠道中,结果显示在预测控制算法调控下,渠池的水位偏差相对较小,从而可维持稳定的输水流量。Hashemy 等在明渠进出口流量不平衡情况下,通过基于积分时滞模型的预测控制算法来保持各个渠池的水位偏差尽可能一致,以延长这种极端工况下的持续供水时间。Xu 等基于简化圣维南方程构建了明渠水位水质预测控制模型,用于控制渠池中的控制点水位及污染物浓度与目标值之间的偏差。我国在 20 世纪中后期以研究水力自动闸门和单闸门控制算法为主,近些年随着引黄济青、南水北调中线工程等大型调水工程的兴建,加大了闸门群控制算法研究力度。游进军等将水资源配置和工程实际调度相结合,建立了从水资源配置到工程调度的耦合模型,在确定了水资源配置方案后,将结果输入 Res-Sim 水力学模拟模型中,确定其工程水力运行的可能性,满足则继续进行水库运行过程优化,否则调整配置模型的边界条件继续优化,由于水量配置和工程调度时间尺度的差异性,还需建立两者之间的数据映射关系。Zhu 等针对梯级闸门群引水工程调流量期间的调节需求进行了研究。将多目标优化调控模型与一维水动力模型和多目标遗传算法相结合,得出优化运行模型比常规控制方法具有更好的控制效果、闸门运行次数减少 23.38% 的结果。

综上所述,国内外学者在水量调度、水力调控和控制算法方面积累了一定的成果和经验,但是实现真正的明渠水力的自动控制仍然任重而道远。具体而言,确定性的控制算法难以考虑扰动,PID 的算法难以实现计划的调整,经验调控无法实现最优。因此,现有成果对于大规模调水工程的自动化运行控制而言,实际的应用有限,主要是调水工程系统应用场景的复杂性导致的。对于汛期输水调度而言,绝大多数的研究尚未专门关注。在汛期,降雨时空分布的不确定性导致既定调度方案的适应性明显降低,容易出现“调度计划赶不上降雨变化”的现象,同时在渠道水位控制条件变得更为苛刻时,水位精准调控难度激增。

对于汛期常规调控,首先,不同工况的需求是不同的,如无雨时段与降雨时段的工况、雨多情景和雨少情景的工况,对调水工程的需求是具有差异性的,因此调控目标也是不同的。其次,在汛期环境条件下,高地下水影响下的渠道蓄水平压需求和实时水情工情作用下的闸群流量调节需求、正常运行水位区间和闸群设计流量范围难以适应汛期环境条件和工程特性的动态变化,需要进行流量与水位动态约束的滚动优化。最后,汛期会带来多种不确定性的扰动因素,例如,上游来水波动、用水临时调整以及汛期局地降雨等,容易出现闸前水位偏离目标水位区间的水力控制难题,需要建立考虑实时状态扰动和未来计划调整的模型。

对于汛期应急调控,首先,降雨区和降雨区上游段与降雨区下游段的调控需求是不同的。在降雨区及其上游段,水位快速壅高,弃水大幅增加,调控目标为减压来水和减少弃水;在降雨区下游段,来水减少甚至中断,下游供水安全受到威胁。调控目标的区别意味着突发暴雨应急调控需要针对不同区域,制定具有差异化的策略。其次,就降雨区及其上游段而言,突发暴雨情景下,渠池闸前水位快速壅高,为保障工程安全,需选取适当位置适时开启退水闸。在这种情况下,多目标优化调控模型的目标函数和决策变量不但区别于已有研究,同时较下游也不相同,需要针对性分析。最后,当突发暴雨危及工程安全,导致降雨区下游来水大幅减少甚至中断时,沿线口门供水安全将受到极大威胁。为了最大程度确保下游供水,需要确定较为明确的供水方案。

根据以上分析,本研究主要针对汛期全线或局部降雨影响下的中线工程大规模闸群精细调控难题,构建了考虑水位和流量动态约束的渠池蓄量滚动优化调度模型,提出了汛期突发暴雨情景下降雨区下游优化分区供水方案,建立了耦合水动力过程的串联闸群水力预测调控方法,实现了汛期高不确定性条件下的精准调控。

3.2　渠池蓄量滚动优化调度模型

南水北调中线工程具有输水线路长、途经区域多、沿线相关建筑物多、水力联系复杂、调度难度大等难点,其运行调度是一个复杂的多目标优化调度问题,具有高维性、非凸性、非线性、多约束的特点。本节拟将南水北调中线渠道视为梯级串联水库群,基于梯级水库群调度方法,以梯级水库群水力联系、时段初水位、入库流量、水库调蓄阈值等为约束条件,故闸群调节能力、地下水位变化和渠池调蓄阈值是制订串联闸群调控方案的主要约束。受闸门开度、渠道水位、地下水位和用水需求的影响,节制闸、退水闸、渠池调蓄能力呈现时空动态变化特点。

因此,本项技术基于实时水情、工情、雨情数据,结合工程调度约束,动态分析计算不同工况下的闸群调节能力。同时,基于预报信息提前优化调整渠池蓄量,确定事件过程中各渠池逐日蓄量控制目标和闸群日均流量过程。

3.2.1　水位、流量约束动态判定

将相邻节制闸之间渠池等效为水库,研究各水库间的水力联系,考虑上下游水库间水位、泄流量的相互影响。

3.2.1.1　闸群调节能力

闸群调节能力分析的研究对象包括节制闸和退水闸两种建筑物。

1. 节制闸调节能力

基于暴雨入渠水动力模型,以任意相邻的 3 座节制闸形成的两个连续渠池为研究区域,以上游节制闸过闸流量和下游节制闸闸前水位为外边界条件,建立暴雨入渠水动力模型。通过上游渠池的水位约束范围,模型试算得到中间闸门的开度、流量调节范围,即当前情况下的节制闸调节能力。节制闸调节能力建模范围如图 3-1 所示。

具体步骤如下:

(1)当减小闸门开度时。

在上下游边界和分水流量固定的条件下,当中间闸门开度减小时,闸前水位迅速上升,后逐渐稳定,此时需要满足上升后的水位刚好不超过渠池的最高运行水位。通过试算法:

①假设当前闸门开度为 e,闸门开度减小 Δe。

②在一维水动力模型固定边界的条件下,让中间某个时刻至末时刻的闸门开度均减小 Δe(开度变为 $e-\Delta e$),启动水动力模拟计算,输出该节制闸闸前水位在模拟时段内的变化过程。

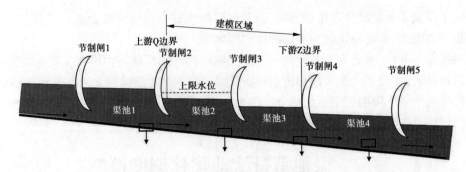

图 3-1　节制闸调节能力建模范围

③将闸前水位模拟结果的最大值(稳定后的水位)Z_{max}^s 与渠池最高运行水位 Z_{max} 作比较,若 $|Z_{max}^s-Z_{max}|\leqslant 0.05$ m,当前开度 $e-\Delta e$ 则为当前条件下能减小到的最小开度;若 $|Z_{max}^s-Z_{max}|>0.05$ m,则返回第②步进行下一轮的迭代计算(0.05 m 视为模型模拟误差允许范围)。

④输出当前工况下的最小可调节开度。

⑤在得到的实时闸门最小开度的基础上,再次进行水动力模拟计算,输出该闸门过闸流量在模拟过时段内的变化过程,最小流量即为当前工况下闸门的最小过流能力,即节制闸最小可调节能力。

(2)当增大闸门开度时。

在上下游边界和分水流量固定的条件下,当中间闸门开度增大时,闸前水位迅速下降,后逐渐稳定,此时需要满足下降后的水位刚好不低于渠池的最低运行水位。通过试算法:

①假设当前闸门开度为 e,闸门开度减小 Δe。

②在一维水动力模型固定边界的条件下,让中间某个时刻至末时刻的闸门开度均增大 Δe(开度变为 $e+\Delta e$),启动水动力模拟计算,输出该节制闸闸前水位在模拟时段内的变化过程。

③将闸前水位模拟结果的最小值(稳定后的水位)Z_{min}^s 与渠池最低运行水位 Z_{min} 作比较,若 $|Z_{min}^s-Z_{min}|\leqslant 0.05$ m,当前开度 $e+\Delta e$ 则为当前条件下能增加到的最大开度;若 $|Z_{min}^s-Z_{min}|>0.05$ m,则返回第②步进行下一轮的迭代计算(0.05 m 视为模型模拟误差允许范围)。

④输出当前工况下的最大可调节开度。

⑤在得到的实时闸门最大开度的基础上,再次进行水动力模拟计算,输出该闸门过闸流量在模拟过时段内的变化过程,最大流量即为当前工况下闸门的最大过流能力,即节制闸最大可调节能力。

以实际的研究对象对以上步骤进行详细说明:

(1)减小节制闸开度。在上下游边界和分水流量固定的条件下,当中间闸门开度减小时,闸前水位迅速上升,后逐渐稳定(见图 3-2);过闸流量迅速减小,后逐渐恢复(见图 3-3)。

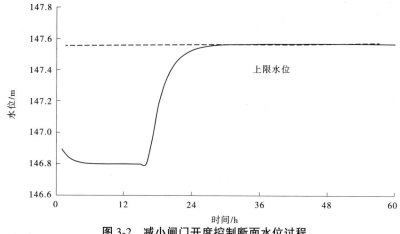

图 3-2　减小闸门开度控制断面水位过程

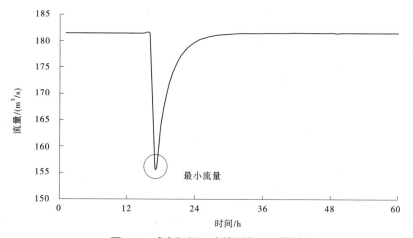

图 3-3　减小闸门开度控制断面流量过程

在水动力模拟过程中,通过试算中间闸门开度,使模拟过程中的最大水位刚好触及上限水位,该条件下对应的闸门开度即为闸门当前情况下可调节到的最小开度,闸门变化时对应的瞬时流量即为当前情况下可调节到的最小流量。

(2)增大节制闸开度。在上下游边界和分水流量固定的条件下,当中间闸门开度增大时,闸前水位迅速下降,后逐渐稳定(见图 3-4);过闸流量迅速增大,后逐渐恢复(见图 3-5)。

在水动力模拟过程中,通过试算中间闸门开度,使模拟过程中的最小水位刚好触及下限水位,该条件下对应的闸门开度即为闸门当前情况下可调节到的最大开度,闸门变化时对应的瞬时流量即为当前情况下可调节到的最大流量。

2. 退水闸调节能力

与节制闸类似,退水闸的调节能力同样需基于耦合暴雨过程的一维水动力模型,以任意相邻的 2 座节制闸间的渠池为研究区域,以上游节制闸过闸流量和下游节制闸闸前水位为外边界条件,建立暴雨入渠水动力模型。由于退水闸以流量作为模型的内边界条件

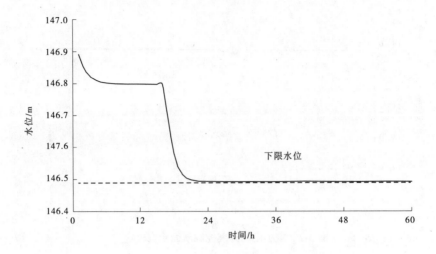

图 3-4　开大闸门开度控制断面水位过程

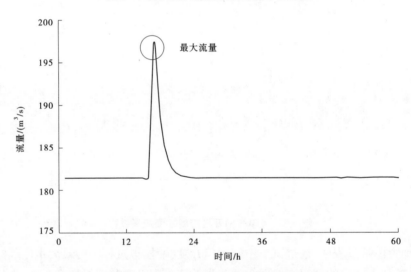

图 3-5　开大闸门开度控制断面流量过程

进行输入,故通过当前渠池的水位约束范围,直接通过对其流量进行试算即可得到该渠池内退水闸的调节范围,即当前情况下退水闸的调节能力。退水闸调节能力建模范围如图 3-6 所示。

具体步骤如下:

(1)当减小过闸流量时。

在上、下游边界和分水流量固定的条件下,当退水闸闸门流量减小时,渠池控制断面水位迅速上升,后逐渐稳定,此时需要满足上升后的水位刚好不超过渠池的最高运行水位。通过试算法:

①假设当前退水闸过闸流量为 q,过闸流量减小 Δq。

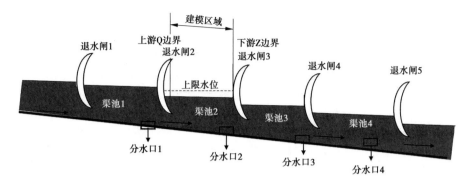

图 3-6　退水闸调节能力建模范围

②在一维水动力模型固定边界的条件下,让中间某个时刻至末时刻的退水闸过闸流量减小 Δq(流量变为 $q-\Delta q$),启动水动力模拟计算,输出该渠池控制断面水位在模拟时段内的变化过程。

③将控制断面水位模拟结果的最大值(稳定后的水位)Z_{max}^s 与渠池最高运行水位 Z_{max} 作比较,若 $|Z_{max}^s-Z_{max}|\leqslant0.05$ m,当前流量 $q-\Delta q$ 则为当前条件下退水闸能减小到的最小流量;若 $|Z_{max}^s-Z_{max}|>0.05$ m,则返回第②步进行下一轮的迭代计算(0.05 m 视为模型模拟误差允许范围)。

④输出当前工况下退水闸的最小可调节流量,即退水闸最小可调节能力。

(2)当增大过闸流量时。

在上下游边界和分水流量固定的条件下,当退水闸闸门流量增大时,渠池控制断面水位迅速下降,后逐渐稳定,此时需要满足下降后的水位刚好不低于渠池的最低运行水位。通过试算法:

①假设当前退水闸过闸流量为 q,过闸流量减小 Δq。

②在一维水动力模型固定边界的条件下,让中间某个时刻至末时刻的退水闸过闸流量增大 Δq(流量变为 $q+\Delta q$),启动水动力模拟计算,输出该渠池控制断面水位在模拟时段内的变化过程。

③将控制断面水位模拟结果的最小值(稳定后的水位)Z_{min}^s 与渠池最低运行水位 Z_{min} 作比较,若 $|Z_{min}^s-Z_{min}|\leqslant0.05$ m,当前流量 $q+\Delta q$ 则为当前条件下退水闸能增加到的最大流量;若 $|Z_{min}^s-Z_{min}|>0.05$ m,则返回第②步进行下一轮的迭代计算(0.05 m 视为模型模拟误差允许范围)。

④输出当前工况下退水闸的最大可调节流量,即退水闸最大可调节能力。

以实际的研究对象对以上步骤进行详细说明:

(1)减小退水闸过闸流量。在上下游边界固定的条件下,当退水闸过闸流量减小时,渠池控制断面水位迅速上升,后逐渐稳定(见图 3-7)。

在水动力模拟过程中,通过试算退水闸过闸流量,使模拟过程中的最大水位刚好触及上限水位,该条件下对应的退水闸流量即为退水闸最小可调节能力。

(2)增大退水闸过闸流量。在上下游边界固定的条件下,当退水闸过闸流量增大时,闸前水位迅速下降,后逐渐稳定(见图 3-8)。

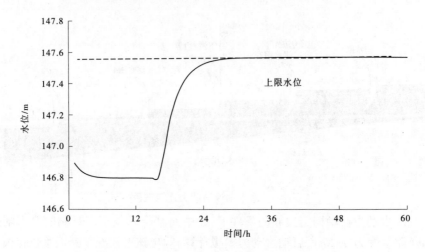

图 3-7　减小退水闸过闸流量控制断面水位过程

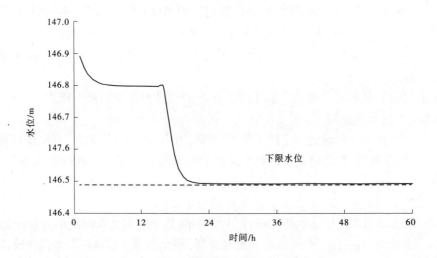

图 3-8　增大退水闸过闸流量控制断面水位过程

在水动力模拟过程中,通过试算退水闸过闸流量,使模拟过程中渠道控制断面的最小水位刚好触及下限水位,该条件下对应的退水闸流量即为退水闸最大可调节能力。

3.2.1.2　渠池蓄量计算

蓄量计算模型是在一维水动力模型的基础上,耦合了各个元件的水体体积,渠池实时蓄量实际等于研究范围内各建筑物水体体积的总和,各种类型建筑物水体体积计算公式如下。

节制闸元件体积计算公式:

$$V_1 = h \times L \times [B + (N - 1) \times b] \tag{3-1}$$

式中:V_1 为节制闸元件体积;h 为节制闸闸下控制水深;L 为节制闸闸室长度;B 为节制闸总宽;N 为闸墩个数;b 为闸墩宽度。

渐变段元件主要包括渐变段和连接渠道部分,其体积计算公式如下:

$$V_2 = \frac{1}{2}B_1(h_0 + h_1 + d)L_c + m_0h_0(h_1 + d)L_c + \frac{1}{3}m_0(h_1 + d - h_0)^2L_c +$$

$$\frac{1}{6}B_1(2h_0 + 2d + h_1)L_a + \frac{1}{6}B_2(2h_0 + h_1 + d)L_a + m_1(h_1 + d)h_1L_a + \frac{1}{3}m_1d^2L_a$$

$$(3-2)$$

式中：V_2 为渐变段元件控制段渠道+渐变段的体积；B_1、B_2 分别为渐变段进口和出口底宽；h_0、h_1 分别为渠道进口和渐变段出口水深；d 为渐变段进、出口高程差；L_c 为渐变段控制渠道长度；m_0 为渠道边坡系数；L_a 为渐变段长度；m_1 为渐变段出口控制断面边坡系数。

水体计算模型中分水口元件的实质是输水渠道，按棱柱形渠槽考虑，计算公式如下：

$$V_3 = \frac{1}{2}B(h_0 + h_1)L + mh_0h_1L + \frac{1}{3}m(h_1 - h_0)^2L \qquad (3-3)$$

式中：V_3 为分水口元件控制段渠道的体积；B 为渠道底宽；h_1、h_0 分别为渠道进口和出口断面水深；L 为渠道长度，即渠道两控制断面的里程差；m 为渠道边坡系数。

渡槽体积计算公式：

$$V_4 = h \times L \times [B - (N-1) \times b] \qquad (3-4)$$

式中：V_4 为渡槽或检修闸元件体积；h 为渡槽或节制闸控制断面水深；L 为元件长度；B 为元件总宽；N 为闸墩或隔墩个数；b 为闸墩或隔墩宽度。

倒虹吸元件体积计算公式：

$$V_5 = [B - (N-1) \times b] \times d \times L \qquad (3-5)$$

式中：V_5 为倒虹吸元件体积；B 为元件总宽；N 为闸墩或隔墩个数；b 为闸墩或隔墩宽度；d 为倒虹吸断面高度；L 为元件长度。

3.2.2　渠池蓄量滚动优化调度

南水北调中线工程输水线路长、闸泵群联调度困难、水力建筑物种类繁多、渠道水力响应精细刻画困难、快速模拟计算难。因此，本节构建考虑水力响应特性的渠池水量平衡模型，实现对河渠输水水力过程的刻画；并构建全局渠池状态评价模型，根据预测边界条件与当前调控策略计算调度期内全线渠池蓄量变化过程，并与渠池蓄量范围进行对比评价，判断优化模型的调控模式为全局调控或局部调整；最终采用模拟-优化相结合的途径求解，构建极端事件驱动的渠池蓄量短期优化调度模型，利用智能优化算法进行求解。实现基于预报降雨信息提前优化调整渠池蓄量，确定事件过程中各渠池逐日蓄量控制目标和闸群日均流量过程。

3.2.2.1　考虑水力响应的水量平衡模型

利用水力学恒定流模型计算可得到不同工况下的渠池上游流量-下游水位-渠池蓄量-上下游水头差等曲线，曲线可较为准确地刻画渠池稳态时的水位状态，曲线如图3-9所示。为支撑全工况水力响应特性计算，以节制闸为间隔，将中线工程划分为各个渠池。上游流量以节制闸设计流量为上限，平均划分为 8 个流量工况，下游水位以节制闸闸前设计水位上下 0.4 m 为范围，平均划分为 5 个水位工况，每个渠池以上游流量、下游水位排列组合形成的 40 种工况组合描绘水力响应特性。

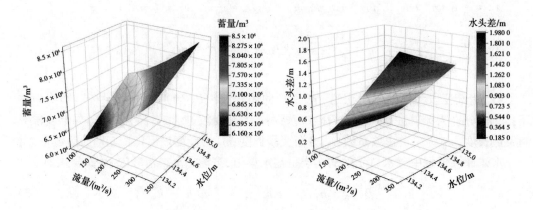

图 3-9　渠池上游流量–下游水位–渠池蓄量–上下游水头差曲线

渠池在水文模拟中既是供水水源,又有输水作用,在水量转化和平衡中有重要作用,在水力特性曲线的支撑下,可作为等效水库来调度优化计算,如图 3-10 所示。

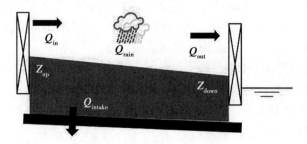

图 3-10　渠池等效水库示意

基于水力特性曲线构建渠池水量平衡模型,即可实现替代水动力快速模拟、多日全局滚动优化的目的,渠池水量平衡模型为:

$$\begin{cases} V_{t+1} = V_t + (Q_{\text{in}}^t - Q_{\text{out}}^t + Q_{\text{rain}}^t - Q_{\text{intake}}^t)\Delta t \\ Z_{\text{down}}^{t+1} = f_1(Q_{\text{in,std}}^{t+1}, V_{t+1}) \\ Z_{\text{up}}^{t+1} = f_2(Q_{\text{in,std}}^{t+1}, Z_{\text{down}}^{t+1}) + Z_{\text{down}}^{t+1} \end{cases} \quad (3\text{-}6)$$

式中:V_t、V_{t+1} 分别为渠池在 t、$t+1$ 时刻的蓄量,m^3;Q_{in}^t 为渠池 t 时段上游节制闸平均过流流量,m^3/s;Q_{out}^t 为渠池 t 时段下游节制闸平均过流流量,m^3/s;Q_{rain}^t 为渠池 t 时段降雨入渠平均流量,m^3/s;Q_{intake}^t 为渠池 t 时段平均分退水流量,m^3/s;Δt 为 t 时段时间长度,s;Z_{down}^{t+1} 为渠池 $t+1$ 时刻下游节制闸闸前水位,m;$Q_{\text{in,std}}^{t+1}$ 为渠池 $t+1$ 时刻达到稳态时上游节制闸过流流量,m^3/s;f_1 为渠池水位–流量–蓄量曲线;Z_{up}^{t+1} 为渠池 $t+1$ 时刻上游节制闸闸后水位,m;f_2 为渠池水头差–流量–蓄量曲线。

3.2.2.2　全局渠池状态评价模型

为更好地了解调度区内各个渠池的初始蓄量情况与在极端暴雨事件影响下的蓄量变化情况,需构建全局渠池状态评价模型。模型可根据各个节制闸设定的目标水位、水位约束计算目标状态下各个渠池的蓄量以及蓄量控制范围,进而得到全局渠池的目标总蓄量以及控制范围。并可根据当前渠池蓄量状态、未来分水、降雨边界计算得到全局渠池的总蓄量变化情况,通过与全局渠池的目标总蓄量、总蓄量控制范围进行对比,根据蓄量是否超过控制范围得出调度期内短期优化调度模型的控制模式为全局调度或局部调整,以更好地指导短期优化调度模型。

1. 目标状态计算

为保障输水平稳运行、节制闸调整次数较少,分水口的用水计划维持稳定后应尽快将节制闸闸前水位调整至目标水位并尽可能维持不变。理想状态下全线渠池需达到出入水量平衡使节制闸闸前水位维持稳定,因此全线节制闸流量亦需达到稳定状态。因此,节制闸群渠池的目标状态下各个节制闸的过流流量应满足水量平衡公式,如下式所示:

$$Q_{down} = Q_{up} - Q_{分水} - Q_{渗漏蒸发} \tag{3-7}$$

式中:Q_{down} 为下游节制闸的过流流量,m^3/s;Q_{up} 为上游节制闸的过流流量,m^3/s;$Q_{分水}$ 为上下游节制闸间渠池的分退水流量,m^3/s;$Q_{渗漏蒸发}$ 为上下游节制闸间渠池的渗漏蒸发损失流量,m^3/s。

根据考虑水力响应的水量平衡模型中的渠池流量–水位–蓄量–水头差曲线,在渠池达到稳态的前提下,渠池的蓄量可由渠池上游流量以及下游水位确定。因此,在已知节制闸目标水位、水位控制范围的前提下,可推导得到各个渠池的目标蓄量、蓄量控制范围,如下式所示:

$$\begin{cases} V_{aim} = f_1(Q_{std}, Z_{aim}) \\ V_{max} = f_1(Q_{std}, Z_{max}) \\ V_{min} = f_1(Q_{std}, Z_{min}) \end{cases} \tag{3-8}$$

式中:V_{aim} 为渠池目标蓄量,m^3;V_{max}、V_{min} 分别为渠池蓄量的上限、下限,m^3;Q_{std} 为渠池稳定后上游节制闸稳态过流流量,m^3/s;Z_{aim} 为渠池下游节制闸闸前目标运行水位,m;Z_{max}、Z_{min} 分别为渠池下游节制闸闸前运行水位上限、下限,m。

2. 蓄量计算及控制模式选择

在假定节制闸调控策略不变的情况下,根据水量平衡原理,可根据分水口及退水口计划分水量、渗漏蒸发量、预测降雨量以及上下游节制闸过流流量预估调度期内逐日渠池蓄量变化情况。但由于在调度期初始状态下获取到的各节制闸过流流量均为监测值,具有波动性和误差,且各渠池可能处于非稳态,即使在开度不变的情况下节制闸流量也会随着闸前闸后水位的波动而产生变化。因此,为避免误差累积,本次模型采用工程渠首节制闸以及末尾节制闸的过流流量作为上下游边界,将全线渠池聚合形成一个大型渠池,计算该大型渠池的蓄量变化情况:

$$V_{总,t+1} = V_{总,t} + \left(Q_{in}^t - Q_{out}^t + \sum_{i=1}^{M} Q_{rain,i}^t - \sum_{i=1}^{N} Q_{intake,i}^t - \sum_{i=1}^{M} Q_{leak,i}^t \right) \Delta t \tag{3-9}$$

式中:$V_{总,t}$、$V_{总,t+1}$ 分别为全线渠池在 t、$t+1$ 时刻时的总蓄量,m^3;Q_{in}^t 为渠首节制闸在 t 时段的平均过流流量,m^3/s;Q_{out}^t 为末尾节制闸在 t 时段的平均过流流量,m^3/s;$Q_{rain,i}^t$ 为渠池 i 在 t 时段的平均降雨入流流量,m^3/s;M 为全线渠池总数;$Q_{intake,i}^t$ 为分水口 i 在 t 时段的平均分水流量，m^3/s；N 为全线分水口总数；$Q_{leak,i}^t$ 为渠池 i 在 t 时段的平均蒸发渗漏流量，m^3/s；Δt 为时段长度，s。

而聚合渠池的目标蓄量和控制范围可由全线各个渠池的目标蓄量以及控制范围累加得到，如下式所示：

$$\begin{cases} V_{总,aim} = \sum_{i=1}^{M} V_{i,aim} \\ V_{总,max} = \sum_{i=1}^{M} V_{i,max} \\ V_{总,min} = \sum_{i=1}^{M} V_{i,min} \end{cases} \quad (3\text{-}10)$$

若全线聚合渠池的末蓄量突破了蓄量控制范围，则该调度期内的蓄量短期优化调度模型采取全局调度控制模式，即认为调度期内需动作渠首节制闸才能满足各渠池节制闸闸前水位约束，并在调度期内尽量将全线渠池蓄量调整至目标蓄量；反之，若全线聚合渠池的末蓄量未突破蓄量控制范围，则该调度期内的蓄量短期优化调度模型采取局部调整控制模式，即认为调度期内无须动作渠首节制闸即可满足节制闸闸前水位约束，模型仅需在调度期内重新分配各渠池蓄量并使之尽量达到目标蓄量。

3.2.2.3　渠池蓄量短期优化调度模型

渠池蓄量短期优化调度模型以节制闸逐日流量为决策变量，考虑节制闸闸前水位约束、水位变幅约束，以保证供水、尽可能减少退水量等为调度目标，并采用差分进化算法与逐步优化算法进行求解，可得到逐日闸门过流流量、渠池蓄量控制目标，形成渠池蓄量短期模拟–优化框架。而根据全局渠池状态评价模型的两种控制模式，渠池蓄量短期优化调度模型可分为全局优化调度模型以及局部优化调度模型。

1. 渠池蓄量短期全局优化调度模型

全局优化调度模型以全线节制闸逐日流量为决策变量，以闸前水位超过加大水位最小、供水保证率最高、全线渠池退水量最少、渠池末蓄量距离目标蓄量最小为目标，结合水位日变幅约束及流量变幅约束构建优化调度模型，并利用差分进化算法与逐步优化算法进行求解，得到逐日闸门平均过流流量、渠池蓄量控制目标，形成渠池蓄量短期模拟–优化框架。

1）目标函数

全局优化调度模型的目标是在极端暴雨事件影响下，根据各个渠池降雨情况合理地协调渠池间的蓄量，最大化利用暴雨水量进行供水，避免渠池水位超警，尽量减少退水量避免水资源浪费。因此，全局优化调度模型的目标函数为全线节制闸闸前水位超过加大水位累积量最小、全线分水口供水缺额最小、全线渠池退水量最少以及全线渠池蓄量距离目标蓄量最小。

优化目标 1：全线节制闸闸前水位超过加大水位累积量最小。

$$\min T_1 = \sum_{i=1}^{N} \sum_{t=1}^{T} Z_{enlarge,i} - Z_{up,i}^t \quad (当\ Z_{up,i}^t > Z_{enlarge,i}\ 时) \quad (3\text{-}11)$$

式中：N 为节制闸总数；T 为时段总数；$Z_{\text{enlarge},i}$ 为节制闸 i 的加大水位，m；$Z_{\text{up},i}^t$ 为节制闸 i 在 t 时刻的闸前水位，m。

优化目标 2：全线分水口供水缺额最小。

$$\min T_2 = \sum_{i=1}^M \sum_{t=1}^T (D_{i,t} - S_{i,t}) \tag{3-12}$$

式中：$D_{i,t}$ 为第 i 个分水口在 t 时段时的需水量，m³；$S_{i,t}$ 为在 t 时段对第 i 个分水口的供水量，m³；M 为分水口总数；T 为时段总数。

优化目标 3：全线渠池退水量最少。

$$\min T_3 = \sum_{i=1}^N \sum_{t=1}^T Q_{\text{ts},i}^t \cdot \Delta t \tag{3-13}$$

式中：$Q_{\text{ts},i}^t$ 为渠池 i 在 t 时段的平均退水流量，m³/s；Δt 为 t 时段时间长度。

优化目标 4：全线渠池蓄量距离目标蓄量最小。

$$\min T_4 = \sum_{i=1}^N \left| V_{i,T} - V_{i,\text{aim}} \right| \tag{3-14}$$

式中：$V_{i,T}$ 表示第 i 个渠池在 T 时刻（调度末时刻）的蓄量，m³；$V_{i,\text{aim}}$ 表示第 i 个渠池的目标蓄量，m³，由全局渠池状态评价模型计算给出；N 为渠池总数。

2）约束条件

受制于中线沿线各个节制闸、分水口、退水口的工程设计参数、安全运行约束以及暴雨事件中退水闸能力影响，需考虑以下约束条件。

（1）节制闸过流能力约束。

$$Q_{i,t} \leqslant Q_{i,t}^{\max} \tag{3-15}$$

式中：$Q_{i,t}$ 为节制闸 i t 时段平均过流流量；$Q_{i,t}^{\max}$ 为节制闸 i 的最大设计流量。

（2）分退水能力约束。

$$Q_{i,t}^{\text{intake}} \leqslant Q_{i,t}^{\max,\text{intake}} \tag{3-16}$$

式中：$Q_{i,t}^{\text{intake}}$ 为分退水口 i 在 t 时段平均流量；$Q_{i,t}^{\max,\text{intake}}$ 为分退水口 i 在 t 时段考虑渠道外防洪压力的最大退水能力，受暴雨情况影响。

（3）节制闸水位约束。

$$Z_{\text{up},i}^t < Z_{\text{enlarge},i} \tag{3-17}$$

（4）节制闸水位变幅约束。

$$-0.3 \leqslant \Delta Z_{\text{upmax},i}^t \leqslant 0.3 \tag{3-18}$$

式中：$\Delta Z_{\text{upmax},i}^t$ 为节制闸 i t 与 $t-1$ 时刻的闸前水位日变化量。

（5）节制闸流量变幅约束。

$$\Delta Q_{i,t}^{\min} \leqslant \Delta Q_{i,t} \leqslant \Delta Q_{i,t}^{\max} \tag{3-19}$$

式中：$\Delta Q_{i,t}^{\max}$ 为节制闸 i t 与 $t-1$ 时刻的过流流量日变化量；$\Delta Q_{i,t}^{\min}$ 和 $\Delta Q_{i,t}^{\max}$ 为节制闸 i t 与 $t-1$ 时刻的过流流量最大增加与减少量。

3）求解方法

全局优化调度模型由差分进化算法与逐步优化算法联合求解，差分进化算法（differential evolution，简称 DE）是一种新兴的进化计算技术。由 R. Storn 和 K. Price 于 1995 年提出,最初设想是用于解决切比雪夫多项式问题,后来发现其参数较少、存在种群个体间协同进化、原理较为简单、鲁棒性强的特点,因此用于解决大部分复杂优化问题。差分进化算法基于群体智能理论,采用群体进化的手段,通过种群中个体之间的合作与竞争来实现对最优解的求解。相比于进化算法,DE 保留了基于种群的全局搜索策略,采用实数编码、基于差分的简单变异操作和一对一的竞争生存策略,降低了遗传操作的复杂性。同时,DE 特有的记忆能力使其可以动态跟踪当前的搜索情况,以调整其搜索策略,具有较强的全局收敛能力和鲁棒性,且不需要借助问题的特征信息,适于求解一些利用常规的数学规划方法所无法求解的复杂环境中的优化问题。

差分进化算法采用实数编码方式,其算法原理与遗传算法十分相似,进化流程与遗传算法相同,即变异、交叉和选择,差分进化算法中的选择策略通常为贪婪算法,即"适者生存"。而交叉方法与遗传算法也大体相同,但在变异方法上使用了差分策略,利用种群中个体间的差分向量对随机个体进行扰动,实现变异个体。差分进化算法的变异方法,有效地利用了种群分布特性,提高了算法的搜索能力,避免了遗传算法中变异方式的不足。差分进化算法主要计算流程如下。

对于优化问题:

$$\max f(x_1, x_2, \cdots, x_D)$$
$$x_j^L \leqslant x_j \leqslant x_j^U, j = 1, 2, \cdots, D \tag{3-20}$$

式中:D 为解空间的维度,x_j^L 和 x_j^U 分别为第 j 个分量 x_j 取值范围的上限与下限。

(1)初始化种群。

初始种群 $\{x_i(0) \mid x_{j,i}^L \leqslant x_{j,i}(0) \leqslant x_{j,i}^U, i = 1, 2, \cdots, NP; j = 1, 2, \cdots, D\}$ 随机产生:

$$x_{j,i}(0) = x_{j,i}^L + \text{rand}(0,1) \cdot (x_{j,i}^U - x_{j,i}^L) \tag{3-21}$$

式中:$x_i(0)$ 为种群中第 0 代的第 i 个个体;$x_{j,i}(0)$ 为第 0 代的第 i 个个体的第 j 维度的值,NP 为种群大小;$\text{rand}(0,1)$ 为在 $(0,1)$ 区间均匀分布的随机数。

(2)变异。

DE 通过差分策略实现个体变异,这也是区别于遗传算法的重要标志。

$$v_i(g+1) = x_{r1}(g) + F \cdot [x_{r2}(g) - x_{r3}(g)]$$
$$i \neq r_1 \neq r_2 \neq r_3 \tag{3-22}$$

式中:F 为缩放因子;$x_i(g)$ 为第 g 代种群中第 i 个个体。

在进化过程中,为了保证解的有效性,需要判断个体中各维度的值是否满足约束,若不满足,则需用随机方法重新生成。

(3)交叉。

对第 g 代种群 $\{x_i(g)\}$ 及其变异的中间体 $\{v_i(g+1)\}$ 进行个体间的交叉操作:

$$u_{j,i}(g+1) = \begin{cases} v_{j,i}(g+1), \text{rand}(0,1) \leqslant CR \\ x_{j,i}(g), \text{其他} \end{cases} \tag{3-23}$$

式中:CR 为交叉概率。

(4)选择。

差分进化算法采用贪婪算法来选择进入下一代种群的个体:

$$x_i(g + 1) = \begin{cases} u_i(g + 1), f\left[u_i(g + 1)\right] \leqslant f\left[x_i(g)\right] \\ x_i(g), 其他 \end{cases} \tag{3-24}$$

差分进化算法计算流程如图 3-11 所示。

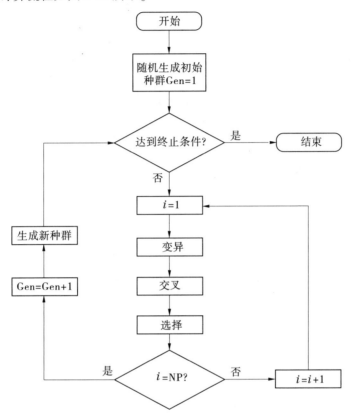

图 3-11　差分进化算法计算流程

逐步优化算法(progressive optimization algorithm,简称 POA)根据贝尔曼最优化的思想,于 1975 年由 H. R. Howson 和 N. G. F. Sancho 提出,目的是减轻动态规划算法的"维数灾"问题。该算法在水库调度研究中应用较多,是一个较成熟的优化算法,具有占内存少、计算速度快、可获得较精确解的优点。但在实际调度问题中,受限于初始解经常会出现 POA 算法收敛到局部最优解的情况,因此采用 POA 算法来针对差分进化算法得到的最优解进行进一步寻优,算法计算流程如图 3-12 所示。

2. 渠池蓄量短期局部优化调度模型

局部优化调度模型以除渠首节制闸外的节制闸逐日流量为决策变量,渠首节制闸采用固定流量边界,流量保持与初始状态一致并维持稳定。以闸前水位超过加大水位最小、供水保证率最高、全线渠池退水量最少、考虑权重的渠池末蓄量距离目标蓄量最小为目标,结合水位日变幅约束及流量变幅约束构建优化调度模型,并利用差分进化算法与逐步优化算法进行求解,得到逐日闸门平均过流流量、渠池蓄量控制目标,形成渠池蓄量短期模拟-优化框架。

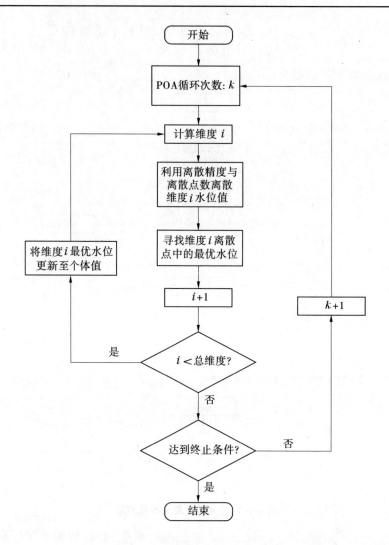

图 3-12　逐步优化算法计算流程

1) 目标函数

局部优化调度模型的目标是在极端暴雨事件影响下,在不动作渠首节制闸的前提下,根据各个渠池的初始蓄量及目标蓄量情况合理地协调并分配渠池间的蓄量,最大化利用暴雨水量进行供水或填补蓄量,避免渠池水位超警,尽量减少退水量,避免水资源浪费。因此,局部优化调度模型的目标函数为全线节制闸闸前水位超过加大水位累积量最小、全线分水口供水缺额最小、全线渠池退水量最少以及全线渠池蓄量距离目标蓄量最小。

优化目标 1:全线节制闸闸前水位超过加大水位累积量最小。

$$\min T_1 = \sum_{i=1}^{N} \sum_{t=1}^{T} Z_{\text{enlarge},i} - Z_{\text{up},i}^{t} \quad (\text{当 } Z_{\text{up},i}^{t} > Z_{\text{enlarge},i} \text{ 时}) \quad (3\text{-}25)$$

式中:N 为节制闸总数;T 为时段总数;$Z_{\text{enlarge},i}$ 为节制闸 i 的加大水位;$Z_{\text{up},i}^{t}$ 为节制闸 i 在 t 时刻的闸前水位。

优化目标 2：全线分水口供水缺额最小。

$$\min T_2 = \sum_{i=1}^{M} \sum_{t=1}^{T} (D_{i,t} - S_{i,t}) \tag{3-26}$$

式中：$D_{i,t}$ 为第 i 个分水口在 t 时段时的需水量；$S_{i,t}$ 为在 t 时段对第 i 个分水口的供水量；M 为分水口总数；T 为时段总数。

优化目标 3：全线渠池退水量最少。

$$\min T_3 = \sum_{i=1}^{N} \sum_{t=1}^{T} Q_{ts,i}^{t} \cdot \Delta t \tag{3-27}$$

式中：$Q_{ts,i}^{t}$ 为渠池 i 在 t 时段的平均退水流量；Δt 为 t 时段时间长度。

优化目标 4：全线渠池蓄量距离目标蓄量最小（考虑权重）。

$$\min T_4 = \sum_{i=1}^{N} p_i |V_{i,T} - V_{i,aim}| \tag{3-28}$$

式中：$V_{i,T}$ 表示第 i 个渠池在 T 时刻（调度末时刻）的蓄量；$V_{i,aim}$ 表示第 i 个渠池的目标蓄量，由全局渠池状态评价模型计算给出；p_i 为渠池 i 的权重系数，越靠近下游的渠池权重系数越大；N 为渠池总数；T 为时段总数。

2）约束条件

受制于中线沿线各个节制闸、分水口、退水口的工程设计参数、安全运行约束以及暴雨事件中退水闸能力影响，需考虑以下约束条件。

（1）节制闸过流能力约束。

$$Q_{i,t} \leq Q_{i,t}^{max} \tag{3-29}$$

式中：$Q_{i,t}$ 为节制闸 i 在 t 时段平均过流流量；$Q_{i,t}^{max}$ 为节制闸 i 的设计流量。

（2）分退水能力约束。

$$Q_{i,t}^{intake} \leq Q_{i,t}^{max,intake} \tag{3-30}$$

式中：$Q_{i,t}^{intake}$ 为分退水口 i 在 t 时段平均流量；$Q_{i,t}^{max,intake}$ 为分退水口 i 在 t 时段考虑渠道外防洪压力的最大退水能力，受暴雨情况影响。

（3）节制闸水位约束。

$$Z_{up,i}^{t} < Z_{enlarge,i} \tag{3-31}$$

（4）节制闸水位变幅约束。

$$-0.3 \leq \Delta Z_{upmax,i}^{t} \leq 0.3 \tag{3-32}$$

式中：$\Delta Z_{upmax,i}^{t}$ 为 i 节制闸 t 与 $t-1$ 时刻的闸前水位日变化量。

（5）节制闸流量变幅约束。

$$\Delta Q_{i,t}^{min} \leq \Delta Q_{i,t} \leq \Delta Q_{i,t}^{max} \tag{3-33}$$

式中：$\Delta Q_{i,t}^{max}$ 为节制闸 i t 与 $t-1$ 时刻的过流流量日变化量；$\Delta Q_{i,t}^{min}$ 和 $\Delta Q_{i,t}^{max}$ 为节制闸 i t 与 $t-1$ 时刻的过流流量最大增加量与减少量，由 3.2.1.1 闸群调节能力章节给出。

3）求解方法

局部优化调度模型求解方法与全局优化调度模型一致，此处不再赘述。

3.2.3　实例分析

2021 年中线工程郑州段发生了"7·20"特大暴雨事件，对中线渠道造成了严重的威胁,故选择此场降雨作为典型暴雨事件进行研究。

3.2.3.1　闸群调节能力分析

本场典型降雨所涉及的范围为:JZZ19 双泊河渡槽进口节制闸—JZZ23 金水河倒虹吸出口节制闸在内的 5 座节制闸、4 座退水闸。收集该时段、该区域内的水情、雨情、工情数据,进行计算分析。同时,为分析极端工况与常规工况下闸群调节能力的区别,该部分增加了常规工况的计算,并予以对比分析。

1. 节制闸可调节能力

该研究区域内一共涉及 JZZ19 双泊河渡槽进口节制闸、JZZ20 梅河倒虹吸出口节制闸、JZZ21 丈八沟倒虹吸出口节制闸、JZZ22 潮河倒虹吸出口节制闸、JZZ23 金水河倒虹吸出口节制闸 5 座节制闸,结合 7 月 18 日 8 时的初始水情、工情状态及渠池最高运行水位、最低运行水位,按照 3.2.1.1 中的步骤,计算得到以上 5 座节制闸该场景下的实时调节能力,如表 3-1、图 3-13、图 3-14 所示。

表 3-1　郑州"7·20"特大暴雨事件 5 座节制闸实时调节能力

序号	节制闸名称	当前开度/mm	最大开度/mm	最小开度/mm	当前流量/(m³/s)	最大流量/(m³/s)	最小流量/(m³/s)
JZZ19	双泊河渡槽进口节制闸	2 950	4 030	2 500	234.64	253.84	214.46
JZZ20	梅河倒虹吸出口节制闸	3 150	4 740	3 120	242.56	255.03	230.37
JZZ21	丈八沟倒虹吸出口节制闸	3 300	5 640	2 850	234.19	286.69	226.75
JZZ22	潮河倒虹吸出口节制闸	3 150	4 740	3 120	229.05	255.03	200.37
JZZ23	金水河倒虹吸出口节制闸	3 300	4 800	1 380	222.19	254.39	131.59

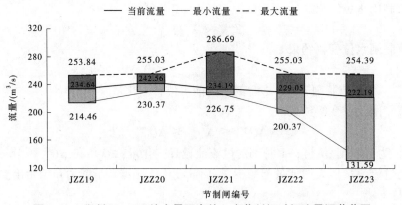

图 3-13　郑州"7·20"特大暴雨事件 5 座节制闸过闸流量调节范围

为更好地分析比较不同工况下各节制闸调节能力的区别,再选择一个常规工况对以上 5 座节制闸的实时调节能力进行计算,结果如表 3-2、图 3-15、图 3-16 所示。

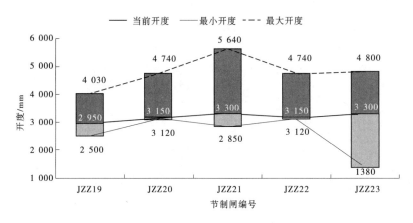

图 3-14　郑州"7·20"特大暴雨事件 5 座节制闸闸门开度调节范围

表 3-2　常规工况下 5 座节制闸实时调节能力结果

序号	节制闸名称	当前开度/ mm	最大开度/ mm	最小开度/ mm	当前流量/ (m³/s)	最大流量/ (m³/s)	最小流量/ (m³/s)
JZZ19	双泊河渡槽进口节制闸	2 055	3 200	1 305	157.05	175	122
JZZ20	梅河倒虹吸出口节制闸	2 250	3 100	750	181.17	198	144
JZZ21	丈八沟倒虹吸出口节制闸	2 310	4 000	680	164.48	185	124
JZZ22	潮河倒虹吸出口节制闸	1 910	3 100	750	156.68	177	123
JZZ23	金水河倒虹吸出口节制闸	2 390	4 100	1 480	167.05	190	133

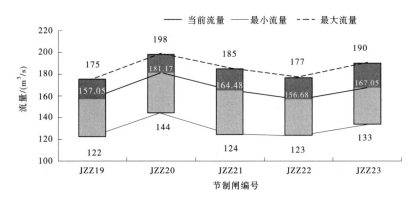

图 3-15　常规工况下 5 座节制闸过闸流量调节范围

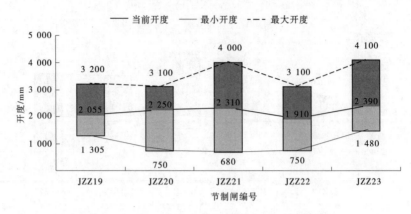

图3-16 常规工况下5座节制闸闸门开度调节范围

通过图3-13~图3-16,表3-1~表3-2结果可以看出:

对于极端工况,除JZZ23金水河倒虹吸出口节制闸外,其余4座节制闸均具有较大的开大闸门的调节能力,最大达到了52.5 m³/s的流量增加值和2 340 mm的开度增加值,而关小闸门的调节能力均相对较小。结合郑州"7·20"特大暴雨事件水情监测数据分析,该期间渠池水位整体偏高,距离警戒水位较近,故开大闸门调节能力较大,关小闸门的调节能力相对较小。对于常规工况,各个闸门的调节能力相互之间波动较小。可以看出,在同一场景下,不同节制闸具有不同的流量调节能力,且极端工况下不同节制闸流量调节能力波动性较大,而常规工况下则相对较小;不同场景下,相同节制闸具有不同的调节能力。因此,节制闸的流量调节能力具有实时性,不一定任何场景下都能够达到其设计值,主要与当前渠池的实际水情状态与水位约束有关。

2.退水闸可调节能力

该研究区域内共涉及T14沂水河退水闸、T15双洎河退水闸、T16十八里河退水闸、T17贾峪河退水闸4座退水闸,结合7月18日8时的初始水情、工情状态及渠池最高运行水位、最低运行水位,计算以上4座退水闸该场景下的实时调节能力,如表3-3所示。

表3-3 郑州"7·20"特大暴雨事件4座退水闸实时调节能力

序号	退水闸名称	当前流量/(m³/s)	最大过闸流量/(m³/s)	设计退水流量/(m³/s)
T14	沂水河退水闸	0	55	152.5
T15	双洎河退水闸	0	55	152.5
T16	十八里河退水闸	2	73	147.5
T17	贾峪河退水闸	5	62	142.5

同样,增加以上4座退水闸在常规工况下的调节能力计算结果,如表3-4所示。

表 3-4　常规工况下 4 座退水闸实时调节能力结果

序号	退水闸名称	当前流量/ (m³/s)	最大过闸流量/ (m³/s)	设计退水流量/ (m³/s)
T14	沂水河退水闸	0	35	152.5
T15	双泊河退水闸	0	36	152.5
T16	十八里河退水闸	1	52	147.5
T17	贾峪河退水闸	2	45	142.5

通过表 3-3、表 3-4 结果可以看出:退水闸在实际工况下的最大允许过闸流量也同样不一定能达到其设计值,与节制闸类似,该调节能力需考虑当前渠池的实际水情状态与水位约束进行实时计算。另外,常规工况下的退水闸调节能力整体低于极端工况下的调节能力,也进一步说明了退水闸实时调节能力与渠池水情状态关系密切。

3.2.3.2　渠池蓄量滚动优化调度

以 2021 年郑州"7·20"特大暴雨事件为例,研究范围为刁河渡槽进口节制闸(JZZ2)至北拒马河暗渠进口节制闸(JZZ61),总长约 1 183 km,沿线布置 60 座节制闸,将渠段分为 59 个渠池。刁河渡槽进口节制闸设计流量为 350 m³/s,北拒马河暗渠进口节制闸设计流量为 50 m³/s。调度开始时间为 7 月 17 日,调度结束时间为 7 月 26 日。

2021 年 7 月 17—25 日,中线工程正常输水期间,郑州局部强降暴雨,7 月 20 日金水河倒虹吸出口节制闸监测数据日累计降雨量达 637.8 mm,极有可能对中线工程的安全运行造成不利的影响。因此,为保障中线工程的平稳输水与供水安全,仿照当时的运行情况,制定了渠池短期优化调度方案。下面从输入参数、评价结果以及调度结果 3 个方面介绍优化调度方案的计算流程。

1. 输入参数

渠池蓄量短期优化控制模型的输入参数包括节制闸、分退水口以及渠池 3 个对象的各项监测数据,包括:调度分区内节制闸的初始过流流量、闸前闸后水位、闸门开度、逐日累积降雨量、目标水位以及目标水位允许偏差范围(见表 3-5、表 3-6、图 3-17~图 3-19);调度分区内分退水口的初始分水流量(见表 3-7)。

1)节制闸入参

输水过程中,最下游节制闸北拒马河暗渠进口节制闸的过流流量保持不变,保证下游北京供水不受影响,其余节制闸的过流流量均参与优化计算。各个节制闸的目标水位设置为节制闸闸前设计水位以上 0.2 m,目标水位允许偏差范围取目标水位上下 0.1 m。

表 3-5　节制闸初始状态参数

节制闸编号	节制闸名称	过流流量/(m³/s)	闸前水位/m	闸后水位/m	平均开度/m	目标水位/m
JZZ2	刁河渡槽进口节制闸	278.63	146.87	146.48	3.65	147.00
JZZ3	湍河渡槽进口节制闸	271.11	145.70	145.26	3.43	145.85
JZZ4	严陵河渡槽进口节制闸	269.36	144.72	144.17	3.10	144.94
JZZ5	淇河倒虹吸出口节制闸	272.18	143.05	142.76	3.50	143.27
JZZ6	十二里河渡槽进口节制闸	274.03	141.85	141.45	3.97	142.03
JZZ7	白河倒虹吸出口节制闸	280.97	140.40	140.42	5.60	140.12
JZZ8	东赵河倒虹吸出口节制闸	276.79	139.52	139.12	3.28	138.93
JZZ9	黄金河倒虹吸出口节制闸	274.34	138.17	138.02	3.60	137.47
JZZ10	草墩河渡槽进口节制闸	280.32	136.85	135.92	2.55	136.24
JZZ11	澧河渡槽进口节制闸	266.09	134.86	134.64	7.98	134.80
JZZ12	澎河渡槽进口节制闸	265.99	133.57	132.86	3.25	133.26
JZZ13	沙河渡槽进口节制闸	263.23	132.52	131.83	2.36	132.46
JZZ14	玉带河倒虹吸出口节制闸	265.47	129.91	129.70	3.65	129.76
JZZ15	北汝河倒虹吸出口节制闸	266.13	128.60	128.37	3.75	128.46
JZZ16	兰河渡槽进口节制闸	262.58	127.68	127.30	4.05	127.47
JZZ17	颍河倒虹吸出口节制闸	257.76	126.32	126.05	3.65	126.11
JZZ18	小洪河倒虹吸出口节制闸	256.62	125.24	124.88	3.36	124.96
JZZ19	双泊河渡槽进口节制闸	262.46	124.10	123.59	3.27	123.72
JZZ20	梅河倒虹吸出口节制闸	264.15	123.07	122.87	3.74	122.72
JZZ21	丈八沟倒虹吸出口节制闸	256.68	122.29	122.05	3.63	121.96
JZZ22	潮河倒虹吸出口节制闸	253.36	121.59	121.28	3.48	121.21
JZZ23	金水河倒虹吸出口节制闸	242.67	120.57	120.31	3.62	120.19
JZZ24	须水河倒虹吸出口节制闸	234.53	119.94	119.64	3.50	119.57
JZZ25	索河渡槽进口节制闸	232.92	119.16	118.46	2.60	118.97
JZZ26	穿黄隧洞出口节制闸	238.16	115.00	112.00	2.63	115.20
JZZ27	济河倒虹吸出口节制闸	229.74	107.88	107.11	2.34	107.80
JZZ28	闫河倒虹吸出口节制闸	226.82	105.49	104.97	2.70	105.35

续表 3-5

节制闸编号	节制闸名称	过流流量/(m³/s)	闸前水位/m	闸后水位/m	平均开度/m	目标水位/m
JZZ29	溃城寨河倒虹吸出口节制闸	219.19	103.98	103.72	3.40	103.74
JZZ30	峪河暗渠进口节制闸	219.73	103.24	101.90	2.36	103.02
JZZ31	黄水河支倒虹吸出口节制闸	223.34	100.76	100.31	3.03	100.44
JZZ32	孟坟河倒虹吸出口节制闸	221.59	99.35	99.02	3.20	99.14
JZZ33	香泉河倒虹吸出口节制闸	217.41	98.01	97.56	3.50	97.83
JZZ34	淇河倒虹吸出口节制闸	208.37	95.96	95.73	3.70	95.79
JZZ35	汤河涵洞式渡槽进口节制闸	198.86	94.78	94.32	3.36	94.63
JZZ36	安阳河倒虹吸出口节制闸	200.15	92.99	92.88	4.92	92.87
JZZ37	漳河倒虹吸出口节制闸	199.81	92.15	91.84	3.55	92.07
JZZ38	牤牛河南支渡槽进口节制闸	197.21	90.54	89.86	2.60	90.58
JZZ39	沁河倒虹吸出口节制闸	190.45	89.11	88.95	4.40	89.13
JZZ40	洺河渡槽进口节制闸	186.11	87.97	87.46	2.60	88.11
JZZ41	南沙河倒虹吸出口节制闸	188.26	85.95	85.54	3.43	85.79
JZZ42	七里河倒虹吸出口节制闸	188.64	85.16	84.87	3.50	85.12
JZZ43	白马河倒虹吸出口节制闸	183.64	84.09	83.73	3.30	84.15
JZZ44	李阳河倒虹吸出口节制闸	179.94	82.87	82.45	3.40	82.86
JZZ45	午河渡槽进口节制闸	177.64	81.18	80.68	2.60	81.23
JZZ46	槐河(一)倒虹吸出口节制闸	170.06	79.70	79.08	2.85	79.71
JZZ47	洨河倒虹吸出口节制闸	171.29	78.02	77.51	3.00	78.07
JZZ48	古运河暗渠进口节制闸	159.02	76.61	75.35	1.85	76.60
JZZ49	滹沱河倒虹吸出口节制闸	122.94	75.23	74.69	2.20	75.19
JZZ50	磁河倒虹吸出口节制闸	113.20	74.07	73.43	2.17	74.08
JZZ51	沙河(北)倒虹吸出口节制闸	113.45	72.77	72.22	2.15	72.77
JZZ52	漠道沟倒虹吸出口节制闸	111.76	71.59	71.15	2.50	71.52
JZZ53	唐河倒虹吸出口节制闸	110.74	70.73	70.39	2.60	70.69
JZZ54	放水河渡槽进口节制闸	109.42	69.60	69.26	2.01	69.64
JZZ55	蒲阳河倒虹吸出口节制闸	108.99	68.90	68.09	1.80	68.84

续表 3-5

节制闸编号	节制闸名称	过流流量/(m³/s)	闸前水位/m	闸后水位/m	平均开度/m	目标水位/m
JZZ56	岗头隧洞进口节制闸	106.58	66.22	65.41	2.48	66.19
JZZ57	西黑山节制闸	57.65	65.53	64.72	1.10	65.48
JZZ58	瀑河倒虹吸出口节制闸	56.87	64.22	63.94	2.55	64.27
JZZ59	北易水倒虹吸出口节制闸	59.74	62.97	62.84	2.80	63.04
JZZ60	坟庄河倒虹吸出口节制闸	59.49	62.10	61.75	1.75	62.20
JZZ61	北拒马河暗渠进口节制闸	50.99	60.21	60.17	4.00	60.50

表 3-6　节制闸逐日累积降雨量　　　　单位:mm

节制闸编号	7-17	7-18	7-19	7-20	7-21	7-22	7-23	7-24	7-25
JZZ2	14	8.6	17.4	30.2	9.5	6.8	0.2	0	0.1
JZZ3	0.4	20.7	1.2	39.3	4.1	4.5	0.1	0	0
JZZ4	19.7	0	2.8	32.4	2.5	44.5	0	0.1	0
JZZ5	12.8	0	15.0	70.8	28.7	1.5	0.5	0	0
JZZ6	3.5	2.8	56.5	32.1	14.9	4.8	1.8	0	0.1
JZZ7	0	0.4	4.8	58.9	19.4	34.3	0.1	0	0.2
JZZ8	0	7.2	7.0	6.5	69.8	1.6	2.0	0.8	0
JZZ9	0	18.3	14.2	36.0	47.6	0	9.5	0.1	0.1
JZZ10	0	21.0	42.6	61.3	46.1	0	2.1	0.1	0
JZZ11	0	3.9	55.4	90.1	40.9	2.2	4.0	0	0.1
JZZ12	0	5.0	62.0	51.4	4.3	0.3	27.9	0.2	0
JZZ13	1.3	29.9	102.0	103.4	85.4	3.5	10.0	0.1	0.1
JZZ14	0.2	6.7	68.5	96.3	42.2	7.6	0.6	0.1	0.1
JZZ15	0.1	0	28.6	95.2	76.4	6.5	0.4	0.3	0
JZZ16	0	3.1	63.1	122.9	82.9	0.9	0.7	0.3	0
JZZ17	0	1.4	81.0	157.1	99.0	0.5	0	0.2	0.1
JZZ18	0	7.4	67.6	157.2	135.5	0.5	0	0	0
JZZ19	0	4.8	98.9	255.1	102.7	3.9	1.0	0	0
JZZ20	0	7.9	136.1	214.2	73.1	5.8	0.7	0.1	0.1
JZZ21	0.1	9.2	50.8	238.8	52.6	14.1	0	0	0
JZZ22	0	24.9	81.2	482.9	64.1	13.0	0.1	0.1	0

续表 3-6

节制闸编号	7-17	7-18	7-19	7-20	7-21	7-22	7-23	7-24	7-25
JZZ23	0	26.0	89.0	637.8	78.4	28.4	9.4	0	0
JZZ24	1.7	35.1	63.0	496.2	51.2	28.0	2.2	3.3	0
JZZ25	0.1	24.9	78.6	369.1	54.5	26.9	2.2	0.3	0
JZZ26	11.6	12.5	60.8	254.4	67.4	7.0	0.8	0	0
JZZ27	5.5	7.0	50.2	155.4	86.0	26.4	2.3	0	0
JZZ28	11.8	3.4	40.4	133.5	232.0	42.4	3.7	0	0
JZZ29	0.5	15.1	137.0	122.4	167.3	197.0	2.7	0	0
JZZ30	1.8	25.7	107.9	140.4	188.1	246.6	1.9	0.1	0
JZZ31	0.5	21.5	84.4	178.2	392.5	218.2	1.2	0	0
JZZ32	2.4	25.7	41.3	191.4	383.1	184.9	10.1	0	0
JZZ33	6.2	39.8	20.5	156.4	423.9	267.3	28.2	0	0
JZZ34	2.6	68.7	15.5	105.1	397.0	172.1	4.7	0	0
JZZ35	2.3	64.2	4.7	36.4	376.7	214.0	5.5	0	0
JZZ36	1.8	46.1	31.3	26.1	314.2	410.0	5.0	0.1	0.1
JZZ37	1.0	27.4	13.4	17.5	164.9	300.0	3.6	0	0
JZZ38	2.1	16.5	6.4	9.8	200.5	73.9	1.9	0	0
JZZ39	2.5	15.0	8.8	16.1	117.1	61.5	0	0	0
JZZ40	1.1	61.3	11.6	6.2	160.6	52.2	0	0.1	0
JZZ41	6.4	38.9	9.6	4.3	111.8	34.2	0	0	0
JZZ42	21.7	42.2	7.4	0.8	116.3	58.7	2	0	0
JZZ43	3.4	44.2	12.3	1.4	96.6	29.9	2.5	0	0
JZZ44	16.4	33.7	29.2	0.9	107.7	36.5	0	0	0.1
JZZ45	13.3	48.0	6.5	16.3	129.7	22.4	0	0	0
JZZ46	81.6	27.1	0.8	27.8	174.6	22.7	0.1	0	0
JZZ47	76.7	19.5	0	0.6	86.8	28.5	0	0	0
JZZ48	32.5	10.1	7.6	3.1	80.0	26.4	0	0	0
JZZ49	13.8	25.1	8.2	20.9	22.4	53.3	0	0	0
JZZ50	31.0	7.5	18.9	0	21.8	50.9	0	0	0

续表 3-6

节制闸编号	7-17	7-18	7-19	7-20	7-21	7-22	7-23	7-24	7-25
JZZ51	20.4	28.1	29.8	0	12.9	32.5	0	0.1	0
JZZ52	22.2	35.5	0	0	54.8	13.6	0.1	0	0
JZZ53	27.9	19.8	0.1	0	81.3	14.0	0	0	0
JZZ54	38.4	40.9	1.2	7.7	71.6	0.9	0	0	0.1
JZZ55	51.9	76.1	0	0	80.8	19	0	0	0
JZZ56	62.1	98.7	0	9.9	46.2	7.8	0	0.1	0.1
JZZ57	53.4	86.1	0	2.8	30.6	0.9	0	0	0
JZZ58	28.0	1.6	0	0	45.6	3.9	0	0	0
JZZ59	80.4	104.4	0	0.2	10.6	5.8	0	0	0
JZZ60	74.1	63.4	1.7	0.2	3.8	9.4	0	0	0
JZZ61	47.4	58.8	0	0.2	2.2	7.4	8.5	0	0

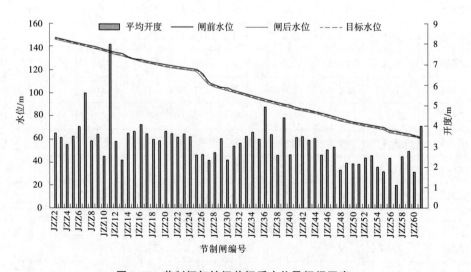

图 3-17 节制闸初始闸前闸后水位及闸门开度

2) 分退水口入参

输水过程中, 沿线分水口的流量保持不变。

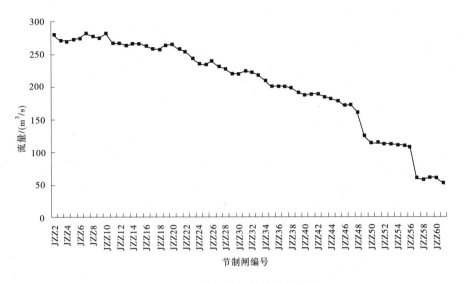

图 3-18　节制闸初始过流流量

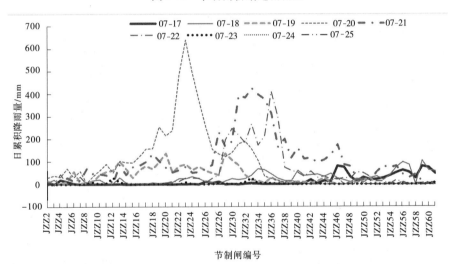

图 3-19　节制闸逐日累积降雨量

表 3-7　分退水口初始状态参数

分退水口编号	分退水口名称	分水流量/（m³/s）	分退水口编号	分退水口名称	分水流量/（m³/s）
F2	望成岗分水口	1.33	F39	鹤壁刘庄分水口	2.42
T2	湍河退水闸	0	F40	董庄分水口	0
F3	彭家分水口	0.24	T28	汤河退水闸	0
T3	严陵河退水闸	0	F41	小营分水口	2.68
F4	谭寨分水口	0.61	F42	南流寺分水口	0

续表 3-7

分退水口编号	分退水口名称	分水流量/(m³/s)	分退水口编号	分退水口名称	分水流量/(m³/s)
T4	潦河退水闸	0	T29	安阳河退水闸	0
F5	姜沟分水口	0	T30	漳河退水闸	0
F6	田洼分水口	1.85	FF	民有渠分水口	0.29
F7	大寨分水口	0	T31	滏阳河退水闸	0
T5	白河退水闸	0	F43	于家店分水口	0
F8	半坡店分水口	0.88	T32	牤牛河南支退水闸	0
T6	清河退水闸	2.00	F44	白村分水口	6.24
F9	大营分水口	0	F45	下庄分水口	0
F10	十里庙分水口	0	F46	郭河分水口	0
T7	贾河退水闸	0	T33	沁河退水闸	0
F11	辛庄分水口	4.73	F47	三陵分水口	1.36
T8	澧河退水闸	0	F48	吴庄分水口	0
T9	澎河退水闸	0	T34	洺河退水闸	0
F12	澎河分水口	0	F49	赞善分水口	3.22
T10	沙河退水闸	0	F50	邓家庄分水口	0
F13	张村分水口	1.76	T35	七里河退水闸	0
F14	马庄分水口	0	F51	南大郭分水口	2.14
F15	高庄分水口	0	T36	白马河退水闸	0
T11	北汝河退水闸	0	F52	刘家庄分水口	0.45
F16	赵庄分水口	2.24	T37	李阳河退水闸	0
T12	兰河退水闸	0	T38	泜河退水闸	1.45
F17	宴窑分水口	1.22	F53	北盘石分水口	0
F18	任坡分水口	0	F54	黑沙村分水口	0
T13	颍河退水闸	0	T39	午河退水闸	0
F19	孟坡分水口	3.23	F55	沛河分水口	0.71
F20	洼李分水口	5.73	F56	北马分水口	0
T14	沂水河退水闸	0	T40	槐河(一)退水闸	0

续表 3-7

分退水口编号	分退水口名称	分水流量/(m³/s)	分退水口编号	分退水口名称	分水流量/(m³/s)
T15	双洎河退水闸	0	F57	赵同分水口	1.35
F21	李垌分水口	1.25	F58	万年分水口	0
F22	小河刘分水口	4.22	T41	浍河退水闸	0
T16	十八里河退水闸	6.91	F59	上庄分水口	42.66
F23	刘湾分水口	0	F60	新增上庄分水口	0
F24	密垌分水口	11.97	F61	南新城分水口	0
T17	贾峪河退水闸	0	F62	田庄分水口	0
F25	中原西路分水口	0	T42	滹沱河退水闸	10
F26	前蒋寨分水口	3.42	F63	永安分水口	1.15
T18	索河退水闸	0	T43	磁河古道退水闸	0
F27	上街分水口	0.75	F64	西名分水口	0.32
T19	黄河退水闸	0	T44	沙河(北)退水闸	0
F28	北冷分水口	0.21	F65	留营分水口	6.35
F29	北石涧分水口	2.75	F66	中管头分水口	0
F30	府城分水口	0	T45	唐河退水闸	0
T20	闫河退水闸	0	F67	大寺城涧分水口	2.73
T21	李河退水闸	0.97	F68	高昌分水口	0
F31	苏蔺分水口	0	T46	曲逆中支退水闸	0.11
T22	溃城寨河退水闸	0	F69	塔坡分水口	0
F32	白庄分水口	0	T47	蒲阳河退水闸	0
F33	郭屯分水口	0	T48	界河退水闸	0.62
T23	峪河退水闸	0	F70	郑家佐分水口	0
T24	黄水河支退水闸	0	T49	漕河退水闸	0
F34	路固分水口	0.28	F71	徐水刘庄分水口	53.11
T25	孟坟河退水闸	0	F86	西黑山引水闸	0
F35	老道井分水口	4.22	T50	瀑河退水闸	0
F36	温寺门分水口	0	F72	荆柯山分水口	0.30

续表 3-7

分退水口编号	分退水口名称	分水流量/ (m³/s)	分退水口 编号	分退水口名称	分水流量/ (m³/s)
T26	香泉河退水闸	0	T51	北易水退水闸	0
F37	袁庄分水口	10.40	F73	下车亭分水口	6.73
F38	三里屯分水口	0	T52	水北沟退水闸	0
T27	淇河退水闸	0	F74	三岔沟分水口	0
T53	北拒马河退水闸	0	—	—	—

2. 评价结果

根据各个节制闸初始状态可计算得到各个渠池的初始蓄量,同时通过 3.2.2.2 全局渠池状态评价模型可计算得到各个节制闸的稳态流量,进而可计算得到各渠池的目标蓄量以及蓄量上下限。其中,各个节制闸的目标水位设置为节制闸闸前设计水位以上 0.2 m,目标水位允许偏差范围取目标水位上下 0.1 m。

1) 渠池初始状态评价

通过全局渠池状态评价模型可得到各个渠池的目标蓄量以及蓄量控制范围,与初始蓄量的对比评价如表 3-8 与图 3-20 所示。从中可以发现 JZZ41 节制闸上游的大部分渠池蓄量均超过了蓄量控制范围上限,且根据初始状态的监测数据来看,大多数节制闸闸前水位也已超过闸前设计水位 0.2 m 以上。而 JZZ41 节制闸下游的渠池蓄量基本处于蓄量控制范围内,因此可以判断得出此案例中初始状态下各渠池蓄量处于上游多、下游较为合理的不平衡状态。

表 3-8　各级渠池初始蓄量评价　　　　　　　单位:万 m³

渠池编号	初蓄量	目标 蓄量	蓄量 上限	蓄量 下限	渠池编号	初蓄量	目标 蓄量	蓄量 上限	蓄量 下限
JZZ2—JZZ3	605.24	617.63	626.39	609.19	JZZ10—JZZ11	790.78	783.64	795.02	772.76
JZZ3—JZZ4	380.09	394.96	401.83	388.31	JZZ11—JZZ12	662.14	633.31	642.67	624.36
JZZ4—JZZ5	692.67	715.68	726.67	705.13	JZZ12—JZZ13	265.32	262.48	266.97	258.11
JZZ5—JZZ6	663.51	682.58	693.54	672.05	JZZ13—JZZ14	571.61	558.74	567.36	550.39
JZZ6—JZZ7	495.45	475.81	482.82	469.08	JZZ14—JZZ15	340.91	333.14	338.63	327.82
JZZ7—JZZ8	588.23	537.24	545.85	528.92	JZZ15—JZZ16	552.99	536.39	544.31	528.75
JZZ8—JZZ9	645.09	584.91	593.51	576.65	JZZ16—JZZ17	779.80	755.32	766.95	744.20
JZZ9—JZZ10	686.72	627.78	637.42	618.55	JZZ17—JZZ18	493.18	473.39	480.39	466.60

表 3-8

渠池编号	初蓄量	目标蓄量	蓄量上限	蓄量下限	渠池编号	初蓄量	目标蓄量	蓄量上限	蓄量下限
JZZ18—JZZ19	617.51	583.67	592.48	575.21	JZZ40—JZZ41	393.45	382.65	389.25	376.46
JZZ19—JZZ20	379.40	356.49	363.01	350.16	JZZ41—JZZ42	109.24	108.27	110.61	106.00
JZZ20—JZZ21	506.61	476.80	485.80	468.08	JZZ42—JZZ43	301.10	304.19	309.74	298.84
JZZ21—JZZ22	497.07	463.53	472.37	455.00	JZZ43—JZZ44	361.34	360.62	367.35	354.21
JZZ22—JZZ23	385.97	362.10	368.41	355.97	JZZ44—JZZ45	615.59	619.94	629.66	610.72
JZZ23—JZZ24	299.05	279.46	284.70	274.39	JZZ45—JZZ46	426.89	427.95	435.88	420.35
JZZ24—JZZ25	306.81	296.85	302.04	291.86	JZZ46—JZZ47	617.10	622.17	633.32	611.55
JZZ25—JZZ26	286.23	291.24	293.75	288.74	JZZ47—JZZ48	413.13	412.41	419.58	405.63
JZZ26—JZZ27	393.34	387.67	394.37	381.24	JZZ48—JZZ49	144.66	143.42	146.40	140.57
JZZ27—JZZ28	599.97	589.01	596.93	581.43	JZZ49—JZZ50	368.28	369.3	377.18	361.87
JZZ28—JZZ29	460.52	443.85	450.77	437.18	JZZ50—JZZ51	220.61	220.46	225.12	216.08
JZZ29—JZZ30	324.85	312.59	318.09	307.23	JZZ51—JZZ52	322.80	318.16	325.14	311.59
JZZ30—JZZ31	551.19	530.57	537.10	524.29	JZZ52—JZZ53	124.87	123.66	126.61	120.86
JZZ31—JZZ32	343.69	333.26	338.24	328.45	JZZ53—JZZ54	381.61	384.12	391.34	377.45
JZZ32—JZZ33	593.85	577.06	586.39	568.12	JZZ54—JZZ55	192.88	190.22	194.82	185.87
JZZ33—JZZ34	768.67	747.62	760.00	735.68	JZZ55—JZZ56	309.41	308.04	312.13	304.36
JZZ34—JZZ35	579.95	565.85	575.35	556.76	JZZ56—JZZ57	124.43	123.11	126.03	120.23
JZZ35—JZZ36	679.27	666.26	677.01	655.99	JZZ57—JZZ58	144.96	146.79	150.13	143.22
JZZ36—JZZ37	294.64	290.57	295.61	285.76	JZZ58—JZZ59	161.70	164.06	167.70	160.74
JZZ37—JZZ38	637.65	641.77	651.93	632.14	JZZ59—JZZ60	119.26	122.41	125.74	119.29
JZZ38—JZZ39	467.79	469.54	478.04	461.53	JZZ60—JZZ61	185.92	198.11	202.85	193.77
JZZ39—JZZ40	571.55	584.68	594.56	575.27					

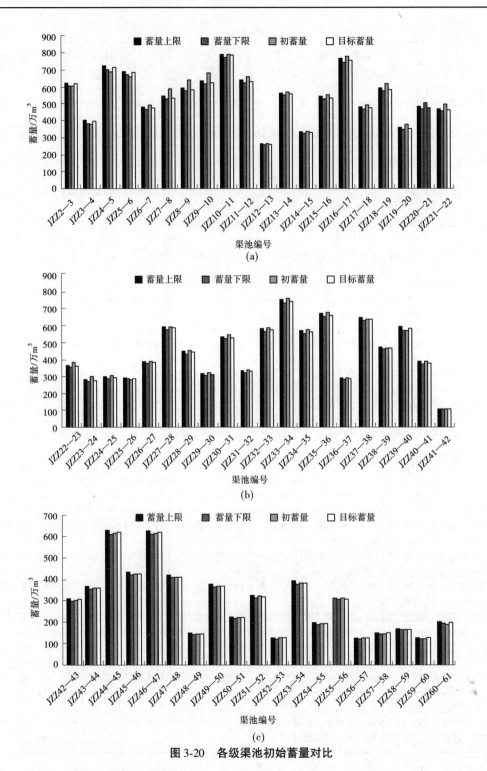

图 3-20　各级渠池初始蓄量对比

2) 未来全局蓄量状态评价

在上下游节制闸的流量边界保持不变时,通过全局渠池状态评价模型可得到全线聚合渠池调度期末总蓄量,如表 3-9、图 3-21 所示。从中可以发现初始时刻全线渠池总蓄量即超过了总蓄量控制范围上限,随着暴雨的水量输入,7 月 26 日全线渠池的总蓄量大幅超过蓄量上限。因此,优化调度模型的控制模式为全局调度,需要最上游节制闸刁河节制闸参与调度,通过大幅度减少调水流量,保证渠段的平稳运行与安全输水。

表 3-9　全线渠池初始蓄量评价　　　　　　单位:万 m³

全线总初蓄量	全线总末蓄量	全线总目标蓄量	全线总蓄量上限	全线总蓄量下限
25 798.54	31 150.14	25 273.5	25 693.83	24 870.99

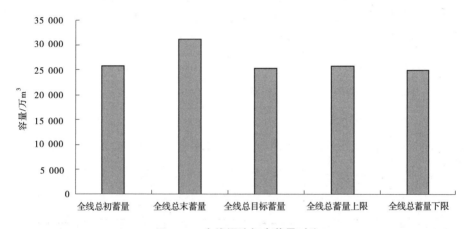

图 3-21　全线渠池初末蓄量对比

3. 调度结果

根据上述输入参数以及评价结果,选择调用渠池蓄量短期全局优化调度模型,对全线渠池蓄量进行优化控制,优化结果未突破水位约束,无退水且能满足供水要求,最终得到渠池每日蓄量控制目标与节制闸逐日平均流量过程,可为节制闸群实时调控提供边界支撑,如表 3-10、表 3-11 所示。

表 3-10　各级渠池每日蓄量控制目标　　　　　　单位:万 m³

渠池编号	7-17	7-18	7-19	7-20	7-21	7-22	7-23	7-24	7-25	7-26
JZZ2—JZZ3	605.24	604.43	597.15	581.12	585.20	594.53	627.36	625.58	602.87	617.61
JZZ3—JZZ4	380.09	384.87	379.04	372.79	359.64	350.90	364.74	363.28	378.07	394.96
JZZ4—JZZ5	692.67	648.66	669.80	645.79	631.28	678.34	718.21	714.19	716.44	715.66
JZZ5—JZZ6	663.51	661.72	650.91	638.13	622.55	649.14	659.79	692.49	698.37	682.58
JZZ6—JZZ7	495.45	483.42	467.43	433.06	443.66	469.49	479.94	472.58	477.10	475.80
JZZ7—JZZ8	588.23	569.43	544.84	550.05	543.56	554.23	550.78	553.95	554.36	537.24
JZZ8—JZZ9	645.09	615.54	589.18	577.00	567.39	586.76	604.34	581.02	575.92	584.90
JZZ9—JZZ10	686.72	663.90	628.60	617.49	628.02	636.08	642.81	648.31	648.66	627.77

续表 3-10

渠池编号	7-17	7-18	7-19	7-20	7-21	7-22	7-23	7-24	7-25	7-26
JZZ10—JZZ11	790.78	796.8	780.63	753.96	771.29	796.10	810.14	785.12	789.53	783.65
JZZ11—JZZ12	662.14	666.93	634.23	635.24	626.14	645.54	654.78	639.41	624.92	633.32
JZZ12—JZZ13	265.32	273.02	271.17	275.49	273.97	284.41	283.68	277.09	263.64	262.48
JZZ13—JZZ14	571.61	572.08	546.43	543.00	549.51	557.36	559.57	560.68	553.36	558.73
JZZ14—JZZ15	340.91	341.81	343.29	321.50	334.49	342.34	352.38	347.70	335.00	333.13
JZZ15—JZZ16	552.99	544.39	525.98	510.92	527.00	547.80	556.03	550.92	543.44	536.39
JZZ16—JZZ17	779.80	782.41	746.23	716.58	711.76	743.80	758.75	733.23	735.84	755.32
JZZ17—JZZ18	493.18	490.23	477.36	442.25	452.60	483.98	482.84	485.76	483.69	473.38
JZZ18—JZZ19	617.51	604.51	585.46	561.42	572.83	578.55	584.78	577.46	569.80	583.67
JZZ19—JZZ20	379.40	370.79	364.45	354.44	361.59	362.63	356.10	352.38	354.14	356.49
JZZ20—JZZ21	506.61	504.16	498.42	476.10	490.25	495.67	492.87	487.00	489.18	476.80
JZZ21—JZZ22	497.07	490.31	487.24	455.58	478.21	476.91	468.53	443.64	459.89	463.52
JZZ22—JZZ23	385.97	386.21	369.64	362.16	342.54	340.78	358.01	356.98	347.82	362.10
JZZ23—JZZ24	299.05	294.28	299.20	279.65	286.72	292.11	289.92	280.90	284.72	279.46
JZZ24—JZZ25	306.81	307.62	308.86	292.98	288.00	297.67	313.83	321.47	311.58	296.85
JZZ25—JZZ26	286.23	285.65	290.51	284.33	278.27	288.39	298.85	294.72	292.72	291.25
JZZ26—JZZ27	393.34	398.68	393.15	378.96	371.83	384.45	392.04	404.44	384.53	387.68
JZZ27—JZZ28	599.97	594.40	600.35	577.96	554.38	562.25	597.65	602.33	585.31	589.00
JZZ28—JZZ29	460.52	440.26	443.47	437.36	428.15	427.26	442.65	438.24	439.59	443.86
JZZ29—JZZ30	324.85	321.17	315.13	296.01	299.79	316.33	324.11	319.30	303.09	312.59
JZZ30—JZZ31	551.19	530.55	535.44	516.58	480.16	498.48	537.31	528.17	525.62	530.58
JZZ31—JZZ32	343.69	329.77	344.31	328.68	316.88	322.87	340.07	329.66	320.77	333.27
JZZ32—JZZ33	593.85	583.70	572.69	563.77	540.18	557.18	581.96	556.36	557.50	577.07
JZZ33—JZZ34	768.67	743.79	743.88	718.64	694.86	718.60	727.38	694.29	728.15	747.61
JZZ34—JZZ35	579.95	565.64	564.87	540.33	527.82	556.72	576.19	551.24	554.36	565.85
JZZ35—JZZ36	679.27	667.73	650.37	643.38	630.14	650.29	654.67	662.07	651.58	666.27
JZZ36—JZZ37	294.64	286.08	284.44	278.41	279.02	280.17	275.77	287.19	288.28	290.57
JZZ37—JZZ38	637.65	637.38	642.66	632.30	606.01	625.17	638.25	617.71	642.24	641.77

续表 3-10

渠池编号	7-17	7-18	7-19	7-20	7-21	7-22	7-23	7-24	7-25	7-26
JZZ38—JZZ39	467.79	468.79	456.15	442.81	428.62	448.71	470.22	460.79	467.93	469.55
JZZ39—JZZ40	571.55	575.98	569.67	586.18	574.92	580.85	567.24	584.48	587.89	584.69
JZZ40—JZZ41	393.45	371.96	371.90	360.35	346.60	381.12	381.49	394.43	382.02	382.64
JZZ41—JZZ42	109.24	109.33	104.34	101.27	104.92	112.10	109.92	109.44	107.28	108.27
JZZ42—JZZ43	301.10	298.57	288.43	274.03	263.27	270.34	288.74	299.52	300.04	304.19
JZZ43—JZZ44	361.34	362.96	369.82	354.57	347.20	367.45	356.67	368.84	367.63	360.62
JZZ44—JZZ45	615.59	625.56	624.61	598.09	595.83	626.66	633.03	617.17	639.39	619.92
JZZ45—JZZ46	426.89	425.17	411.38	405.74	412.94	439.54	441.56	433.35	422.71	427.96
JZZ46—JZZ47	617.10	621.87	600.92	619.67	616.13	628.08	634.89	633.87	644.26	622.16
JZZ47—JZZ48	413.13	422.21	424.07	404.63	417.81	424.11	428.34	409.99	415.65	412.42
JZZ48—JZZ49	144.66	142.89	140.90	148.16	145.30	146.97	141.68	143.74	149.38	143.42
JZZ49—JZZ50	368.28	375.16	374.83	374.94	359.70	376.41	377.41	360.18	363.26	369.30
JZZ50—JZZ51	220.61	224.00	217.09	213.18	214.50	223.36	215.40	223.86	221.93	220.46
JZZ51—JZZ52	322.80	329.57	328.04	317.18	319.73	332.54	322.22	316.77	312.73	318.15
JZZ52—JZZ53	124.87	128.71	125.49	120.90	126.14	130.76	127.71	120.46	126.27	123.65
JZZ53—JZZ54	381.61	388.64	389.40	375.84	384.19	403.38	405.14	388.10	383.28	384.12
JZZ54—JZZ55	192.88	180.28	190.74	190.05	183.93	189.82	181.85	185.66	182.27	190.22
JZZ55—JZZ56	309.41	297.90	301.49	296.67	295.91	304.79	307.37	310.82	313.63	308.03
JZZ56—JZZ57	124.43	131.13	127.30	121.23	124.13	130.58	123.55	127.92	125.64	123.11
JZZ57—JZZ58	144.96	150.35	146.26	146.98	146.11	146.00	136.78	132.01	136.41	146.80
JZZ58—JZZ59	161.70	169.39	169.29	159.39	163.34	162.65	169.89	162.75	161.48	164.07
JZZ59—JZZ60	119.26	126.72	117.75	114.99	118.15	122.36	124.57	122.63	124.15	122.41
JZZ60—JZZ61	185.92	191.71	180.84	180.70	186.17	195.68	184.56	188.29	200.54	198.12

表 3-11　节制闸逐日平均流量　　　　　　　　　　　单位:m³/s

节制闸编号	7-17	7-18	7-19	7-20	7-21	7-22	7-23	7-24	7-25	7-26
JZZ2	271.06	220.47	181.79	130.68	85.01	147.49	204.69	225.85	268.10	278.66
JZZ3	269.74	219.47	181.78	131.52	84.36	145.30	199.75	224.73	269.40	275.63
JZZ4	269.50	218.90	182.44	132.05	86.40	146.15	198.43	224.67	267.46	273.44
JZZ5	268.89	224.14	179.39	134.64	89.88	140.82	194.28	224.54	266.59	272.92
JZZ6	268.89	224.65	180.69	137.46	93.62	138.57	193.16	220.79	265.91	274.74
JZZ7	267.04	224.25	180.74	140.50	91.89	134.23	190.68	219.82	263.54	273.04
JZZ8	266.16	225.54	182.82	139.20	92.77	133.50	190.76	218.61	262.62	274.15
JZZ9	264.16	226.97	184.34	138.99	92.66	131.38	186.75	219.52	261.23	271.11
JZZ10	264.16	229.61	189.13	141.30	93.20	132.14	185.97	219.09	261.19	273.52
JZZ11	259.44	224.18	186.86	141.96	90.01	126.58	179.67	217.40	255.96	269.48
JZZ12	259.44	223.63	190.82	144.17	93.88	125.23	178.65	219.82	257.64	268.51
JZZ13	259.44	222.75	191.33	145.02	95.33	124.77	178.77	220.89	259.20	268.64
JZZ14	257.67	220.96	193.22	146.87	96.58	124.50	176.96	219.20	258.29	266.26
JZZ15	257.67	220.86	193.12	150.49	97.24	124.93	175.96	219.75	259.76	266.47
JZZ16	255.43	219.61	193.06	151.43	96.56	122.78	172.88	218.12	258.40	265.05
JZZ17	254.22	218.10	196.14	157.12	102.65	122.24	171.07	219.87	256.89	261.58
JZZ18	250.99	215.21	194.55	160.38	103.35	119.21	170.55	216.31	253.91	259.55
JZZ19	245.26	210.99	191.22	160.13	102.96	116.66	164.80	211.44	249.06	252.21
JZZ20	244.01	210.73	190.86	162.81	106.44	117.37	164.42	210.64	247.61	250.69
JZZ21	244.01	211.02	191.80	168.46	112.23	118.81	165.07	211.33	247.36	252.12
JZZ22	239.80	207.59	188.51	170.14	117.57	116.71	164.26	211.81	241.27	247.48
JZZ23	232.88	200.65	184.23	166.45	128.44	111.97	155.92	205.14	235.41	238.92
JZZ24	220.91	189.25	172.31	158.30	127.30	100.71	144.79	194.33	223.03	227.55
JZZ25	217.49	185.75	169.28	157.99	132.18	97.12	139.99	190.07	220.79	225.84
JZZ26	216.74	185.24	168.53	160.05	141.52	97.03	138.53	189.84	220.28	225.26
JZZ27	216.53	184.65	169.24	163.07	148.00	97.55	137.92	188.24	222.37	224.68
JZZ28	213.78	182.89	166.01	164.69	153.67	100.16	132.43	185.07	221.59	221.51
JZZ29	212.81	184.45	164.95	167.11	157.62	105.31	133.29	184.71	220.47	220.05
JZZ30	212.81	184.90	166.06	171.79	159.84	106.98	136.86	185.31	222.34	218.95
JZZ31	212.81	187.33	166.22	176.96	169.00	113.87	139.59	186.42	222.64	218.37
JZZ32	212.54	188.69	164.77	179.83	174.02	121.14	141.60	187.47	223.39	216.65
JZZ33	208.32	185.83	163.18	177.92	179.70	131.61	143.85	187.73	219.04	210.17

续表 3-11

节制闸编号	7-17	7-18	7-19	7-20	7-21	7-22	7-23	7-24	7-25	7-26
JZZ34	197.92	178.54	155.61	171.38	178.92	140.02	143.97	189.88	204.73	197.52
JZZ35	195.50	177.87	155.93	172.20	180.77	149.68	146.99	190.55	201.94	193.77
JZZ36	192.82	176.62	157.72	171.14	181.02	160.05	157.70	187.25	200.48	189.39
JZZ37	192.82	177.64	158.75	172.35	181.45	165.43	166.37	186.03	200.35	189.12
JZZ38	192.53	177.45	158.83	173.7	184.81	171.08	172.92	188.24	197.23	188.88
JZZ39	186.28	171.17	154.60	169.26	180.66	168.02	166.54	183.12	190.15	182.45
JZZ40	184.93	169.38	155.56	166.42	181.07	171.75	169.12	179.77	188.41	181.47
JZZ41	181.71	168.78	154.11	164.91	179.62	169.33	167.37	175.05	186.62	178.18
JZZ42	181.71	168.89	155.04	165.34	179.22	169.49	168.03	175.11	186.87	178.06
JZZ43	179.57	167.31	154.98	165.07	178.36	168.76	164.69	171.77	184.68	175.44
JZZ44	179.12	166.95	154.85	166.98	178.79	168.90	166.44	169.95	184.36	175.80
JZZ45	177.67	164.99	155.27	169.37	177.97	168.99	165.52	170.33	180.34	176.61
JZZ46	176.96	166.07	157.42	169.44	177.17	170.31	165.34	170.58	180.87	175.29
JZZ47	175.61	168.05	159.64	165.94	176.92	173.98	164.45	169.35	178.31	176.50
JZZ48	132.94	125.85	117.17	125.63	132.78	132.92	122.07	128.81	134.99	134.21
JZZ49	122.94	116.37	107.63	114.89	123.28	123.41	113.21	118.57	124.34	124.90
JZZ50	121.80	115.18	107.08	114.19	124.25	121.08	113.72	119.41	122.84	123.05
JZZ51	121.48	115.08	107.98	114.90	123.78	120.14	115.30	118.11	122.74	122.90
JZZ52	115.12	108.53	102.69	110.22	117.13	113.24	110.78	112.39	116.86	115.92
JZZ53	115.12	108.39	103.39	110.75	116.52	113.52	111.30	113.23	116.19	116.22
JZZ54	112.39	105.95	101.58	109.61	112.95	111.12	108.62	112.48	114.02	113.40
JZZ55	112.28	108.16	101.38	109.59	113.63	111.78	109.62	111.92	114.30	112.37
JZZ56	111.66	110.61	103.01	109.53	113.24	112.07	109.11	110.90	113.35	112.39
JZZ57	58.55	57.42	51.45	57.12	59.87	58.67	56.87	57.29	60.51	59.57
JZZ58	58.55	57.53	52.72	57.04	60.00	59.38	57.98	57.84	60.00	58.37
JZZ59	58.25	57.33	53.40	57.88	59.24	59.67	56.92	58.36	59.84	57.77
JZZ60	58.25	57.57	55.64	58.21	58.88	59.28	56.78	58.59	59.67	57.97
JZZ61	51.52	51.52	51.52	51.52	51.52	51.52	51.52	51.52	51.52	51.52

将渠池逐日蓄量过程累加可得到全线聚合渠池的蓄量变化过程,与总蓄量目标以及控制区间对比,如图 3-22 所示,可以发现总蓄量首先通过减小渠首刁河闸的流量来实现预降蓄量并迎接暴雨,在 7 月 17—21 日的强降雨环境下全线渠池采取减少渠首 JZZ2 节制闸调水流量、维持渠末节制闸引水流量不变的措施,达到暴雨来临时利用暴雨水量供

水、减少渠池蓄量以增强调蓄能力的目的。在 7 月 22 日以后利用强降雨填充各级渠池蓄量,慢慢将全线渠池总蓄量补充至目标蓄量处,各个渠池的末蓄量对比结果如图 3-23 所示,可以发现各个渠池均达到了目标蓄量,对应上游节制闸稳态流量以及下游节制闸目标闸前水位下的渠池蓄量。结果表明渠池蓄量短期优化调度模型较好地利用了渠池的调蓄能力,在确保无退水的情况下保证了供水任务,并使水位未发生突破约束,同时将各级渠池均调整至目标蓄量,有助于后续供水任务的平稳开展。

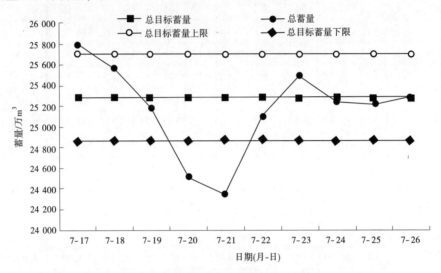

图 3-22　全线渠池总蓄量变化过程对比

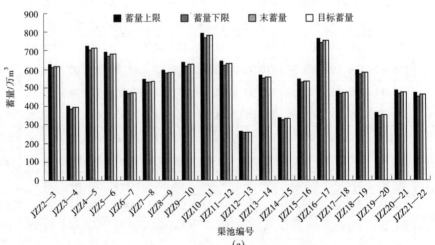

(a)

图 3-23　各渠池调度期末蓄量对比

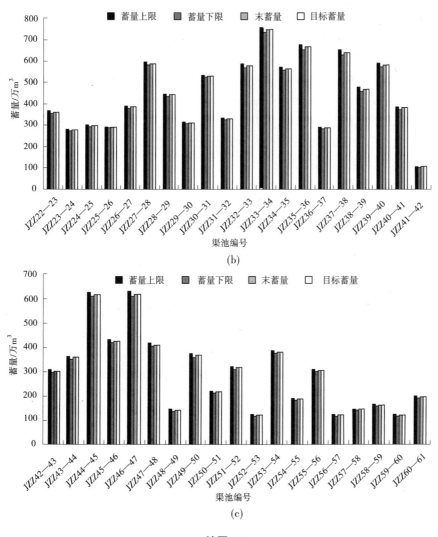

续图 3-23

3.3　串联闸群水力预测调控方法

受监测误差、参数变化等多种扰动因素影响,工程运行过程中的水情状态容易偏离控制目标区间。降雨条件下,降雨入渠导致渠道水情变化和水力响应加剧,仿真难度进一步增加。深入分析降雨对中线干渠水位、流量的影响,对制订积极有效的应对措施具有重要意义。

因此,本研究拟考虑在汛期全线或局部降雨影响下研发耦合一维水动力仿真模型的串联闸群水力预测调控,生成面向现地操作的闸群预测调控方案。在此基础上,充分利用实时监测信息和预报信息,滚动更新闸群调控过程,为应急预演提供支撑。

3.3.1　串联闸群水力预测调控模型

本节旨在利用水力学仿真模型,基于实时监测水情数据和由渠池蓄量短期优化控制给出的调控目标,对调控方案进行一定次数的优化,以得到一段时间内的最优调控方案。

同时考虑到在调控过程中可能存在的边界条件变化、水动力模型预测偏移、模拟参数发生变化等情况,以一定时间间隔对未来的调控方案进行滚动计算,利用监测值的更新对其进行修正,保证模型方法的长期有效性。

为实现上述目标,模型功能主要包含预测及方案生成两部分,因此需要进行模拟预测模型的构建和优化调控策略生成方法构建。

3.3.1.1　模拟预测模型

选取降雨区及上下游各 5 个渠池,以第 2 章中所述方法构建水动力模拟模型。使用实测的最上游渠池水位或流量作为外部边界条件;使用实测或优化得到的节制闸开度作为模型内边界条件;使用计划分水及优化退水方案结合预报降雨过程计算渠池内部水位、流量变化过程。为优化模型提供不同调控方案下的预计水位、流量变化过程。

在模拟的过程中,因实际调度过程中存在不同难以预测的扰动,实测水位、流量等与计划值必然存在偏差。在极端暴雨等应急情景下,其影响不可忽视,必须进行相应处理。

当优化时长内无工况调整计划时,仍然使用原目标,优化调控模型可通过调整调控方案消除扰动的影响;当工况变化尚未开始时,保持工况调整计划的起始时间,但对起调值进行调整,不改变完成工况变化的时间;处于工况变化期间时,对工况变化过程进行调整,但不改变完成工况变化的时间,如图 3-24 所示。

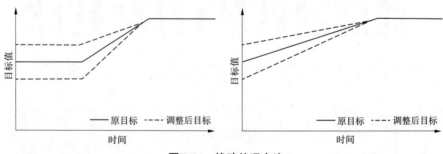

图 3-24　扰动处理方法

3.3.1.2　优化调控策略生成方法

1. 优化模型构建

优化模型基于模拟模型构建,依据不同方案的预计调控效果,不断对方案进行修改完善。首先生成众多随机闸门调控过程,使用模拟模型计算调控结果,并基于目标函数对其进行评价,MOPSO 优化算法则能够依据各方案及其对应的评价结果寻找可能存在的更优的调控方案。

粒子群算法(particle swarm optimization,简称 PSO)是由美国学者 Kennedy 和 Eberhart 博士在 1995 年提出的一种模拟社会行为的集群智能优化算法。该算法受到鸟类觅食过程启发,在一定搜索空间内寻找食物时,鸟群根据个体记忆和群体经验寻找食物。粒子位置起初随机产生,在迭代寻优过程中,选择粒子个体的历史最优值作为局部最优值,将粒子总体的最优值作为全局最优值。局部和全局最优值共同引导粒子向更优的方向飞行,直到找到最优解。该算法结构简单,易于编程实现,且搜索能力强、通用性好、收敛速度快,在工程优化领域得到了广泛应用。

为将该算法应用于多目标优化问题,在 2002 年的 IEEE(Institute of Electrical and Electronics Engineers,美国电气电子工程师学会)计算演化会议上,Coello 等首次提出了基于 Pareto 支配思想的自适应网格 MOPSO 算法。MOPSO 算法的基本工作流程见图 3-25。

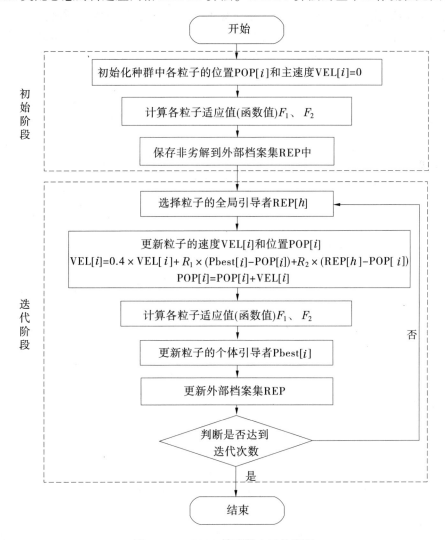

图 3-25　MOPSO 算法基本工作流程

2004 年,Coello 等又对先前提出的 MOPSO 算法进行了改进,通过增加约束处理机制和突变算子显著提高了该算法的搜索能力。近年来,尽管各类 MOPSO 算法层出不穷,但仍以自适应网格 MOPSO 算法(以下简称 MOPSO 算法)最为经典。该算法受到进化算法启发,将 Pareto 非支配排序的思想应用于 PSO 算法,应用一个外部档案集 REP(或称为

"容器")来记录已找到的非支配解,并用这些解来指导其他粒子移动。

在 MOPSO 算法中,采用自适应网格策略选择全局引导者 REP[h]。在选择全局引导者前,目标空间被划分为一系列超立方体,将外部档案集中的非劣解放入这些超立方体中,解的适应值大小与其所占超立方体中所拥有解的数量成反比,并使用轮盘赌方法选择一个分布稀疏的超立方体,随后在该超立方体中随机选择一个解作为粒子的全局引导者。在选择个体引导者 Pbest[i] 时,若新粒子和当前个体引导者存在优劣关系,则自动选择更好的作为新的个体引导者;若二者互不占优,则从中随机选择一个作为新的个体引导者。外部档案集 REP 用于存储算法运行中得到的非劣解。在更新外部档案集时,将更新后的粒子和档案集进行比较,确保档案集中只保留非劣解。当非劣解的数目超过外部档案集的容量时,利用自适应网格,删除分布密集的非劣解,优先保留粒子较少的超立方体中的非劣解。

2. 目标函数计算

不同区域的渠池调控目标不同,因此考虑为其设置不同的目标函数。

1) 上游段

为缓解降雨区及降雨区下游应急调控压力,上游段以各节制闸闸前水位超出目标水位范围最小、末端流量到达目标流量时间最短和退水量最少为目标,具体表达式如下。

优化目标 1.1:

$$\Delta Z = \begin{cases} Z_{\max,i} - Z_{\max,i}^{\mathrm{a}} & Z_{\max,i} > Z_{\max,i}^{\mathrm{a}} \\ 0 & Z_{\min,i}^{\mathrm{a}} < Z_{\min,i}, Z_{\max,i} < Z_{\max,i}^{\mathrm{a}} \\ Z_{\min,i}^{\mathrm{a}} - Z_{\min,i}^{\mathrm{a}} & Z_{\min,i} < Z_{\min,i}^{\mathrm{a}} \end{cases} \tag{3-34}$$

$$\overline{Z}_{\mathrm{dup}} = \min\left(\frac{\sum_{i=1}^{N_{\mathrm{up}}} \Delta Z}{N_{\mathrm{up}}}\right) \tag{3-35}$$

优化目标 1.2:

$$t_{\mathrm{d}} = \min(T_{q=q_{\mathrm{d}}} - T_0) \tag{3-36}$$

优化目标 1.3:

$$V_{\mathrm{ts}} = \min\left(\sum_{i=1}^{N_{\mathrm{up}}} \sum_{t=1}^{T} Q_{\mathrm{ts},i}^{t} \cdot \Delta t\right) \tag{3-37}$$

式中:$\overline{Z}_{\mathrm{dup}}$ 为上游段各节制闸闸前水位平均超出目标水位范围值;N_{up} 为上游段节制闸总数;$Z_{\max,i}$ 为调控过程中第 i 个渠池的最高水位;$Z_{\min,i}$ 为调控过程中第 i 个渠池的最低水位;$Z_{\max,i}^{\mathrm{a}}$ 为目标水位上限;$Z_{\min,i}^{\mathrm{a}}$ 为目标水位下限;t_{d} 为上游段末端流量到达目标流量的时间;$T_{q=q_{\mathrm{d}}}$ 为上游段末端流量到达目标流量的时刻;T_0 为起调时间;V_{ts} 为全线渠池退水总量;$Q_{\mathrm{ts},i}^{t}$ 为渠池 i 在 t 时段的平均退水流量;Δt 为 t 时段时间长度。

2) 降雨区及下游段

降雨区及降雨区下游的调控应全力保证工程安全,因此降雨区及下游段的调控目标为各节制闸闸前水位距离目标水位最小和退水量最少,具体表达式如下。

优化目标 2.1:

$$\Delta Z = \begin{cases} Z_{\max,i} - Z_{\max,i}^{a} & (Z_{\max,i} > Z_{\max,i}^{a}) \\ 0 & (Z_{\min,i}^{a} < Z_{\min,i}, Z_{\max,i} < Z_{\max,i}^{a}) \\ Z_{\min,i}^{a} - Z_{\min,i} & (Z_{\min,i} < Z_{\min,i}^{a}) \end{cases} \tag{3-38}$$

$$\overline{Z}_{\mathrm{ddown}} = \min\left(\frac{\sum_{i=1}^{N_{\mathrm{down}}} \Delta Z}{N_{\mathrm{down}}}\right) \tag{3-39}$$

优化目标 2.2：

$$V_{\mathrm{ts}} = \min\left(\sum_{i=1}^{N_{\mathrm{down}}} \sum_{t=1}^{T} Q_{\mathrm{ts},i}^{t} \cdot \Delta t\right) \tag{3-40}$$

式中：$\overline{Z}_{\mathrm{ddown}}$ 为降雨区及下游段各节制闸闸前水位平均偏差；N_{down} 为降雨区及下游段节制闸总数；$Z_{\max,i}$ 为调控过程中第 i 个渠池的最高水位；$Z_{\min,i}$ 为调控过程中第 i 个渠池的最低水位；$Z_{\max,i}^{a}$ 为目标水位上限；$Z_{\min,i}^{a}$ 为目标水位下限；V_{ts} 为全线渠池退水总量；$Q_{\mathrm{ts},i}^{t}$ 为渠池 i 在 t 时段的平均退水流量；Δt 为 t 时段时间长度。

3. 滚动更新方法

以 T_n 时刻的监测数据为初始条件，结合优化时长内的预报、分水计划，对该时间段内的闸群调控过程进行优化，得到对应调控方案。其中，滚动周期 Δt 内的方案为应执行的已确定方案，其余调控方案为仍需滚动更新的方案。经过 Δt 后以 $T_n + \Delta t$ 时刻的监测数据为初始条件，重复优化等操作，实现闸群调控过程的滚动更新，见图 3-26。

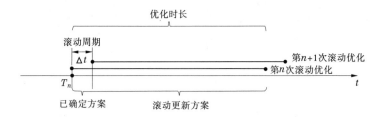

图 3-26　滚动更新方法

3.3.2　案例分析

以 2021 年郑州"7·20"特大暴雨事件中的其中一天为例，研究范围为颍河倒虹吸出口节制闸（JZZ17）至索河渡槽进口节制闸（JZZ25）。调度开始时间为 7 月 20 日 0 时。

2021 年 7 月 17—26 日，中线工程正常输水期间，郑州局部强降暴雨，7 月 20 日金水河倒虹吸出口节制闸监测数据日累计降雨量达 637.8 mm，极有可能对中线工程的安全运行造成不利的影响。因此，为保障中线工程的平稳输水与供水安全，仿照当时的运行情况，制定了渠池短期优化调度方案。下面从输入参数以及调控结果两个方面介绍优化调度方案的计算流程。

3.3.2.1　输入参数

闸群水力优化调控的输入参数包括节制闸、分退水口和渠池的实时监测数据，短期的边界、分退水计划，以及短期优化控制给出的调度目标。

1. 节制闸入参

使用 2021 年 7 月 20 日 0 时的实时监测数据。节制闸初始状态参数如表 3-12、图 3-27 所示,渠池当日降雨量如表 3-13、图 3-28 所示。

表 3-12　节制闸初始状态参数

节制闸编号	节制闸名称	过闸流量/(m³/s)	闸前水位/m	平均开度/m
JZZ18	小洪河倒虹吸出口节制闸	149.44	125.09	1.30
JZZ19	双泊河渡槽进口节制闸	143.30	123.91	2.49
JZZ20	梅河倒虹吸出口节制闸	142.17	122.91	2.94
JZZ21	丈八沟倒虹吸出口节制闸	145.30	122.12	3.46
JZZ22	潮河倒虹吸出口节制闸	145.25	121.39	3.88
JZZ23	金水河倒虹吸出口节制闸	141.70	120.43	4.36
JZZ24	须水河倒虹吸出口节制闸	140.48	119.84	3.50

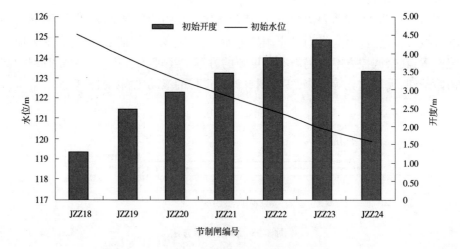

图 3-27　节制闸初始状态

表 3-13　渠池当日降雨量　　　　　　　　单位:mm

节制闸编号	2021-07-20
JZZ18	157.2
JZZ19	255.1
JZZ20	214.2
JZZ21	238.8
JZZ22	482.9
JZZ23	637.8
JZZ24	496.2

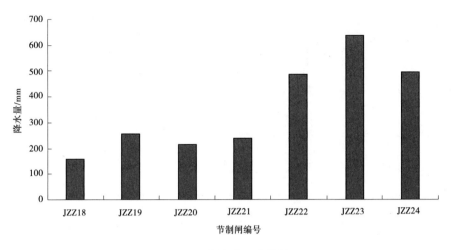

图 3-28　渠池当日降雨量

2. 分退水口入参

分退水口流量变化过程如表 3-14、图 3-29 所示。

表 3-14　分退水口流量变化过程

时间	分水流量/(m³/s)											
	F20	T14	T15	F21	F22	T16	F23	F24	T17	F25	F26	T18
00:00	6.18	0	0	1.46	3.67	6.90	3.54	0	0	5.56	1.40	0
02:00	6.18	0	0	1.46	3.67	6.90	3.52	0	0	5.50	1.96	0
04:00	6.18	0	0	1.46	3.67	6.90	3.56	0	0	5.39	1.97	0
06:00	6.18	0	0	1.46	3.67	6.90	3.54	0	0	6.31	1.95	0
08:00	6.18	0	0	1.46	3.67	6.90	4.94	0	0	7.57	1.41	0
10:00	6.18	0	0	1.46	3.67	6.90	4.94	0	0	7.17	1.42	0
12:00	6.18	0	0	1.46	3.67	6.90	4.95	0	0	7.20	1.41	0
14:00	6.18	0	0	1.46	3.67	6.90	3.95	0	0	7.08	1.96	0
16:00	6.18	0	0	1.46	3.67	6.90	4.00	0	0	6.54	0	0
18:00	6.18	0	0	1.46	3.67	6.90	4.93	0	0	7.66	0	0
20:00	6.18	0	0	1.46	3.67	6.90	2.38	0	0	9.32	0.14	0
22:00	6.18	0	0	1.46	3.67	6.90	2.40	0	0	6.42	0.01	0
00:00	6.18	0	0	1.46	3.67	6.90	2.84	0	0	5.12	0	0

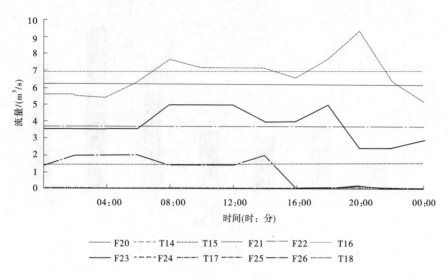

图 3-29　分退水口流量变化过程

3. 目标设置

节制闸当日闸前水位目标范围见表 3-15、图 3-30,节制闸当日蓄量目标见表 3-16、图 3-31。

表 3-15　节制闸当日闸前水位目标范围　　　　单位:mm

节制闸编号	目标水位上限	目标水位下限
JZZ18	125.19	124.89
JZZ19	124.07	123.77
JZZ20	123.08	122.78
JZZ21	122.09	121.79
JZZ22	121.56	121.26
JZZ23	120.53	120.23
JZZ24	119.98	119.68
JZZ25	119.15	118.85

表 3-16　节制闸当日蓄量目标　　　　单位:m³

节制闸编号	目标蓄量
JZZ18	5 854 647
JZZ19	3 644 503
JZZ20	4 984 202
JZZ21	4 872 449
JZZ22	3 696 389
JZZ23	2 992 003
JZZ24	3 088 590
JZZ25	2 905 090

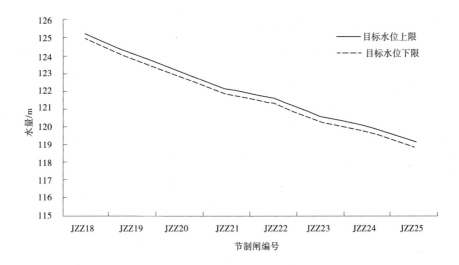

图 3-30　闸前水位目标范围

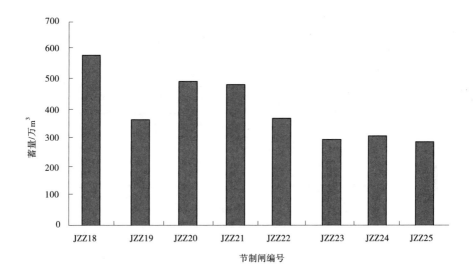

图 3-31　蓄量目标

3.3.2.2　调控结果

依据模型构建所使用的方法,对输入参数进行计算,得到一天内的调控方案和水位、流量预计变化过程。

1.节制闸开度调控方案

节制闸开度变化见表 3-17,节制闸开度调控方案见图 3-32。

表 3-17 节制闸开度变化 单位:m

时间 (时:分:秒)	JZZ18	JZZ19	JZZ20	JZZ21	JZZ22	JZZ23	JZZ24
00:00:00	1.37	1.17	2.20	3.27	3.64	4.12	3.26
02:00:00	1.37	1.17	2.20	3.27	3.64	4.12	3.26
04:00:00	1.37	1.17	2.20	3.27	3.64	4.12	3.26
06:00:00	1.37	1.17	2.20	3.27	3.64	4.12	3.26
08:00:00	1.63	1.45	2.20	3.19	3.40	3.87	3.02
10:00:00	1.63	1.45	2.20	3.19	3.40	3.87	3.02
12:00:00	1.63	1.45	2.20	3.19	3.40	3.87	3.02
14:00:00	1.63	1.45	2.20	3.19	3.40	3.87	3.02
16:00:00	2.76	2.70	2.32	3.01	3.16	3.76	2.80
18:00:00	2.76	2.70	2.32	3.01	3.16	3.76	2.80
20:00:00	2.76	2.70	2.32	3.01	3.16	3.76	2.80
22:00:00	2.76	2.70	2.32	3.01	3.16	3.76	2.80
00:00:00	2.76	2.70	2.32	3.01	3.16	3.76	2.80

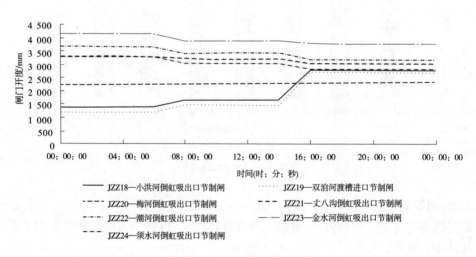

—— JZZ18—小洪河倒虹吸出口节制闸 ……… JZZ19—双洎河渡槽进口节制闸
---- JZZ20—梅河倒虹吸出口节制闸 —--— JZZ21—丈八沟倒虹吸出口节制闸
—·-·— JZZ22—潮河倒虹吸出口节制闸 —··— JZZ23—金水河倒虹吸出口节制闸
---- JZZ24—须水河倒虹吸出口节制闸

图 3-32 节制闸开度调控方案

2. 预期流量变化过程

预期流量变化过程如表 3-18、图 3-33 所示。

表 3-18　预期流量变化过程　　　　　　　　　　单位:m³/s

时间 (时:分:秒)	JZZ18	JZZ19	JZZ20	JZZ21	JZZ22	JZZ23	JZZ24
00:00:00	149.44	143.30	142.18	145.31	145.25	141.70	140.49
01:00:00	149.32	143.53	142.73	145.53	145.99	141.26	140.01
02:00:00	194.52	195.39	205.43	206.72	196.65	201.21	228.65
03:00:00	201.52	195.03	200.46	202.99	201.69	206.84	195.18
04:00:00	200.26	193.52	195.95	200.43	202.65	190.79	177.89
05:00:00	201.16	190.14	191.73	198.30	197.84	182.79	171.18
06:00:00	201.59	187.72	188.27	194.48	192.74	177.52	167.27
07:00:00	197.56	191.08	191.15	190.69	188.39	173.76	164.11
08:00:00	195.29	193.22	192.93	189.37	184.75	170.46	161.29
09:00:00	195.78	190.90	188.61	192.36	182.26	169.03	159.48
10:00:00	195.56	188.50	186.21	191.47	181.38	167.59	157.55
11:00:00	188.93	189.09	186.35	185.42	180.61	166.14	156.13
12:00:00	183.28	187.83	184.92	182.48	178.44	164.46	154.75
13:00:00	179.17	184.32	181.21	180.70	174.95	161.43	154.33
14:00:00	174.90	180.44	177.59	177.58	171.63	159.08	152.79
15:00:00	169.71	171.73	172.64	175.73	170.66	158.57	151.40
16:00:00	163.22	163.99	166.95	173.08	169.74	157.96	150.58
17:00:00	163.47	160.75	164.33	168.44	167.37	156.73	151.57
18:00:00	163.92	159.16	161.69	165.06	164.67	155.31	150.90
19:00:00	163.84	160.55	157.77	161.33	160.84	152.46	147.60
20:00:00	164.24	160.76	155.31	157.50	156.88	149.03	144.77
21:00:00	164.40	156.74	151.40	155.37	154.39	146.33	142.26
22:00:00	163.58	153.13	147.32	152.60	151.84	144.73	140.19
23:00:00	156.97	149.09	144.42	150.78	147.54	144.82	140.98
00:00:00	150.23	144.33	140.99	147.98	144.08	143.05	141.13

3. 节制闸水位变化过程

将闸前水位与目标水位做差,可得到如图 3-34 所示的各闸门闸前水位距目标水位差

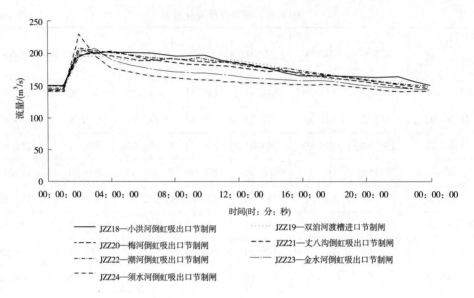

图 3-33　预期流量变化过程

值变化情况。

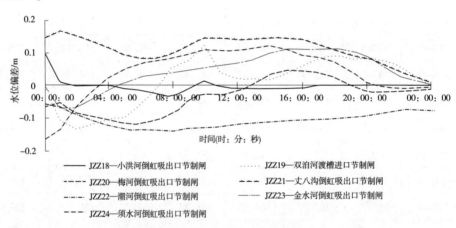

图 3-34　闸前水位与目标的差异

可以看出,所有闸门的闸前水位均逐渐趋向于目标水位。

3.4　降雨区下游口门的重要等级划分标准和优化分区供水方案

当发生极端或突发暴雨情况,对工程安全造成影响,如受左岸洪水影响时,工程进入应急调度工况。此时渠道会被迫降低输水流量运行,进而导致降雨区下游来水流量减少,沿线口门供水安全受到威胁。

因此,本节拟以极端暴雨情况为依据,理清极端暴雨等应急情景下供水对象的重要程度,构建下游口门优化供水模型,并研究降雨区下游段的分区分级供水方法和优化供水方案,以最大程度延长关键口门的持续供水时间。

3.4.1 模型原理及构建方法

在下游段来水流量减少的情况下,为保证各分水口门的供水,考虑利用渠池内蓄水量进行供水。但在降低输水流量运行持续时间较长时,仍然存在部分口门无法保证供水的情况,因此依据中线分水口门的重要性对其进行分级,优先为重要口门供水。同时,为尽量减少总体供水中断次数,应找到当前状态下供水时间最短的分水口,尽力延长其供水时间。

3.4.1.1 分水口门重要性分级

根据中线沿线供水对象的重要程度,结合该城市对南水北调供水的依赖程度梳理所有分水口的重要等级,将分/退水口门的重要性分为 4 个等级,Ⅰ级、Ⅱ级、Ⅲ级、Ⅳ级,其中:Ⅰ级表示向直辖市、省会级城市供水,且该城市生活用水基本完全依赖南水北调供水,无备用水源的口门;Ⅱ级表示向直辖市、省会级城市供水,该城市基本依赖南水北调供水,但可在一定时间内切换备用水源的口门;Ⅲ级表示向普通地级市供水的口门;Ⅳ级表示向其他城市供水的口门。

以上为通常情况分级,具体分级见表 3-19~表 3-25,考虑到发生极端工况时工程的实际情况会存在差别,现场调度人员需结合实际情况将分水口重新划分等级。

表 3-19 Ⅰ 级分水口

序号	编号	名称	所属渠池
1	F71~F72	西黑山分水口	56
2	F75	北拒马分水口	60

表 3-20 Ⅱ 级分水口

序号	编号	名称	所属渠池
1	F23	刘湾分水口	22
2	F24	密垌分水口	23
3	F25	中原西路分水口	23
4	F62	田庄分水口	47
5	F63	永安分水口	49

表 3-21　Ⅲ级分水口

序号	编号	名称	所属渠池	序号	编号	名称	所属渠池
1	F5	姜沟分水口	5	11	F42	南流寺分水口	35
2	F6	田洼分水口	6	12	FF	民有渠分水口	37
3	F7	大寨分水口	6	13	F45	下庄分水口	38
4	F30	府城分水口	27	14	F46	郭河分水口	38
5	F31	苏蔺分水口	28	15	F47	三陵分水口	39
6	F32	白庄分水口	29	16	F50	邓家庄分水口	41
7	F37	袁庄分水口	33	17	F51	南大郭分水口	42
8	F38	三里屯分水口	33	18	F52	刘家庄分水口	43
9	F39	鹤壁刘庄分水口	34	19	F70	郑家佐分水口	55
10	F41	小营分水口	35	20	F71	徐水刘庄分水口	56

表 3-22　Ⅳ级分水口

序号	编号	名称	所属渠池	序号	编号	名称	所属渠池
1	F1	肖楼分水口	1	26	F35	老道井分水口	32
2	F2	望城岗分水口	2	27	F36	温寺门分水口	32
3	F3	彭家分水口	3	28	F40	董庄分水口	34
4	F4	谭寨分水口	4	29	F43	于家店分水口	37
5	F8	半坡店分水口	7	30	F44	白村分水口	38
6	F9	大营分水口	8	31	F48	吴庄分水口	39
7	F10	十里庙分水口	8	32	F49	赞善分水口	40
8	F11	辛庄分水口	10	33	F53	北盘石分水口	44
9	F12	澎河分水口	11	34	F54	黑沙村分水口	44
10	F13	张村分水口	13	35	F55	沛河分水口	45
11	F14	马庄分水口	13	36	F56	北马分水口	45
12	F15	高庄分水口	13	37	F57	赵同分水口	46
13	F16	赵庄分水口	15	38	F58	万年分水口	46

续表 3-22

序号	编号	名称	所属渠池	序号	编号	名称	所属渠池
14	F17	宴窑分水口	16	39	F59+F60	上庄分水口+新增	47
15	F18	任坡分水口	16	40	F61	南新城分水口	47
16	F19	孟坡分水口	17	41	F64	西名分水口	50
17	F20	洼李分水口	18	42	F65	留营分水口	51
18	F21	李垌分水口	19	43	F66	中管头分水口	51
19	F22	小河刘分水口	21	44	F67	大寺城涧分水口	53
20	F26	前蒋寨分水口	24	45	F68	高昌分水口	53
21	F27	上街分水口	25	46	F69	塔坡分水口	54
22	F28	北冷分水口	26	47	F72	荆柯山分水口	58
23	F29	北石涧分水口	27	48	F73	下车亭分水口	60
24	F33	郭屯分水口	29	49	F74	三岔沟分水口	60
25	F34	路固分水口	31				

表 3-23　Ⅱ级退水闸

序号	编号	名称	所属渠池
1	T17	贾峪河退水闸	23
2	T42	滹沱河退水闸	48
3	T43	磁河古道退水闸	49

表 3-24　Ⅲ级退水闸

序号	编号	名称	所属渠池	序号	编号	名称	所属渠池
1	T4	潦河退水闸	5	9	T30	漳河退水闸	36
2	T5	白河退水闸	6	10	T31	滏阳河退水闸	37
3	T20	闫河退水闸	27	11	T33	沁河退水闸	38
4	T21	李河退水闸	28	12	T35	七里河退水闸	41
5	T22	溃城寨河退水闸	28	13	T36	白马河退水闸	42
6	T26	香泉河退水闸	32	14	T37	李阳河退水闸	43
7	T27	淇河退水闸	33	15	T38	泜河退水闸	44
8	T29	安阳河退水闸	35	16	T49	漕河退水闸	55

表 3-25　Ⅳ级退水闸

序号	编号	名称	所属渠池	序号	编号	名称	所属渠池
1	T1	刁河退水闸	1	18	T24	黄水河支退水闸	30
2	T2	湍河退水闸	2	19	T25	孟坟河退水闸	31
3	T3	严陵河退水闸	3	20	T28	汤河退水闸	34
4	T6	清河退水闸	8	21	T32	牤牛河南支退水闸	37
5	T7	贾河退水闸	9	22	T34	洺河退水闸	39
6	T8	澧河退水闸	10	23	T39	午河退水闸	44
7	T9	澎河退水闸	11	24	T40	槐河(一)退水闸	45
8	T10	沙河退水闸	12	25	T41	浇河退水闸	46
9	T11	北汝河退水闸	14	26	T44	沙河(北)退水闸	50
10	T12	兰河退水闸	15	27	T45	唐河退水闸	52
11	T13	颍河退水闸	16	28	T46	曲逆中支退水闸	54
12	T14	沂水河退水闸	18	29	T47	蒲阳河退水闸	54
13	T15	双洎河退水闸	18	30	T48	界河退水闸	55
14	T16	十八里河退水闸	22	31	T50	瀑河退水闸	57
15	T18	索河退水闸	24	32	T51	北易水退水闸	58
16	T19	黄河退水闸	25	33	T52	水北沟退水闸	60
17	T23	峪河退水闸	29	34	T53	北拒马河退水闸	60

3.4.1.2　场景划分

根据来水情况和保障口门用水需求两个方面,将供水工况划分为 8 种场景,来水减少和来水中断两个大场景,这两个大场景下分别含有只供Ⅰ级分/退水口门、只供Ⅰ+Ⅱ级分/退水口门、只供Ⅰ+Ⅱ+Ⅲ级分/退水口门和供给Ⅰ+Ⅱ+Ⅲ+Ⅳ级分/退水口门 4 种场景。

1. 上游来水>0,即来水减少场景

1)只供Ⅰ级分/退水口门

这时需对来水 Q_{in} 与Ⅰ级分/退水口门 Q_{out}（Ⅰ）进行比较:

$Q_{in} \geq Q_{out}$（Ⅰ）时,所有的Ⅰ级分/退水口门为持续供水;$Q_{in} < Q_{out}$（Ⅰ）时,按Ⅰ级各个口门需保障流量占总需水流量的比例关系,等比例划分上游来水,剩余部分由渠池蓄量供给。

2）只供Ⅰ+Ⅱ级分/退水口门

这时需对来水 Q_{in} 与Ⅰ+Ⅱ级分/退水口门 Q_{out} （Ⅰ+Ⅱ）进行比较：

$Q_{in} \geqslant Q_{out}$ （Ⅰ+Ⅱ）时，所有的Ⅰ+Ⅱ级分/退水口门为持续供水；$Q_{in} < Q_{out}$ （Ⅰ+Ⅱ）时，按Ⅰ+Ⅱ级各个口门需保障流量占总需水流量的比例关系，等比例划分上游来水，剩余部分由渠池蓄量供给。

3）只供Ⅰ+Ⅱ+Ⅲ级分/退水口门

这时需对来水 Q_{in} 与Ⅰ+Ⅱ+Ⅲ级分/退水口门 Q_{out} （Ⅰ+Ⅱ+Ⅲ）进行比较：

$Q_{in} \geqslant Q_{out}$ （Ⅰ+Ⅱ+Ⅲ）时，所有的Ⅰ+Ⅱ+Ⅲ级分/退水口门为持续供水；$Q_{in} < Q_{out}$ （Ⅰ+Ⅱ+Ⅲ）时，按Ⅰ+Ⅱ+Ⅲ级各个口门需保障流量占总需水流量的比例关系，等比例划分上游来水，剩余部分由渠池蓄量供给。

4）供Ⅰ+Ⅱ+Ⅲ+Ⅳ级分/退水口门

这时需对来水 Q_{in} 与Ⅰ+Ⅱ+Ⅲ+Ⅳ级分/退水口门 Q_{out} （Ⅰ+Ⅱ+Ⅲ+Ⅳ）进行比较：

$Q_{in} \geqslant Q_{out}$ （Ⅰ+Ⅱ+Ⅲ+Ⅳ）时，所有的Ⅰ+Ⅱ+Ⅲ+Ⅳ级分/退水口门为持续供水；$Q_{in} < Q_{out}$ （Ⅰ+Ⅱ+Ⅲ+Ⅳ）时，按Ⅰ+Ⅱ+Ⅲ+Ⅳ级各个口门需保障流量占总需水流量的比例关系，等比例划分上游来水，剩余部分由渠池蓄量供给。

2. 上游来水=0，即来水中断场景

仍分为只供Ⅰ级分/退水口门、只供Ⅰ+Ⅱ级分/退水口门、只供Ⅰ+Ⅱ+Ⅲ级分/退水口门和供给Ⅰ+Ⅱ+Ⅲ+Ⅳ级分/退水口门4种场景，此时利用渠池蓄量供给各级分/退水口门。

3.4.1.3　优化分区供水方法

为延长极端暴雨情景下降雨区下游段最不利渠池的供水时间，拟使用一种优化分区的方法。优化分区供水方法首先由当前渠池向下游依次累加各渠池蓄量和分水量，再利用计算得到的分区供水时间确定最不利渠池，将当前渠池-最不利渠池划分为一个供水分区，最后再按照上述步骤依次向下游寻找最不利渠池，并确定分区。

在极端工况的情境下，为延长事故段下游关键口门的供水时间，采取优化分区的方法。研究区域为事故段下游的所有渠池。

1. 情景划分

将上游来水量+京石段应急通水期备用水库来水量与下游分水量总和进行比较，主要存在以下5种情景。

1）情景1：$Q_{in} < Q_{out}$ （Ⅰ）

总来水量小于Ⅰ级分水口的分水量，此时来水不能满足任何一个等级的持续供水，只能供给部分分水口门，剩余分水口均由渠池槽蓄量供水。

2）情景2：$Q_{in} > Q_{out}$ （Ⅰ），$Q_{in} < Q_{out}$ （Ⅰ+Ⅱ）

总来水量大于Ⅰ级分水口的分水量，但小于Ⅰ、Ⅱ级分水口总的分水量。此时来水主要供给Ⅰ级分水口，使其得以持续供水；Ⅱ、Ⅲ和Ⅳ级分水口通过渠池槽蓄量供水。

3）情景3：$Q_{in} > Q_{out}$ （Ⅰ+Ⅱ），$Q_{in} < Q_{out}$ （Ⅰ+Ⅱ+Ⅲ）

总来水量大于Ⅰ、Ⅱ级分水口总的分水量，但小于Ⅰ、Ⅱ、Ⅲ级分水口总的分水量。此时来水主要供给Ⅰ、Ⅱ级分水口，使其得以持续供水；Ⅲ、Ⅳ级分水口通过渠池槽蓄量供水。

4）情景 4：$Q_{in} > Q_{out}(I+II+III)$，$Q_{in} < Q_{out}(I+II+III+IV)$

总来水量大于 I 、II 、III 级分水口总的分水量，但小于 I 、II 、III 、IV 级分水口总的分水量。此时来水主要供给 I 、II 、III 级分水口，使其得以持续供水；IV 级分水口通过渠池槽蓄量供水。

5）情景 5：$Q_{in} > Q_{out}(I+II+III+IV)$

总来水量大于所有等级分水口的分水总量，此时所有口门的供水时间不受影响，可以持续进行供水。

2. 实现优化分区供水方法的步骤

当上游来水不足时，需通过渠池槽蓄量供给剩余分水口门（如情景 2 中的 II 、III 和 IV 级分水口；情景 3 中的 III 和 IV 级分水口……）。为延长事故段下游供水时间，提出优化分区供水方法，通过识别最不利渠池并结合水位约束进行分区供水，步骤如下：

（1）发生极端工况时，由初始渠池向下游依次累加各渠池蓄量和分水量，到北拒马河暗渠进口节制闸为止。

（2）利用式（3-41）确定分区供水时间：

$$T = \frac{\sum V}{\sum (Q_{out} - Q_{in})} \tag{3-41}$$

式中：T 为分区供水时间；V 为累计蓄量；Q_{out} 为总计分水量；Q_{in} 为总来水量。

（3）将分区供水时间 T 最小的渠池称为最不利渠池，假设计算到 $N^\#$ 渠池时，此时分区供水时间 T 最小，那么 $N^\#$ 渠池被称为最不利渠池（见图 3-35）。将初始渠池到最不利渠池列为一个整体的供水区间。

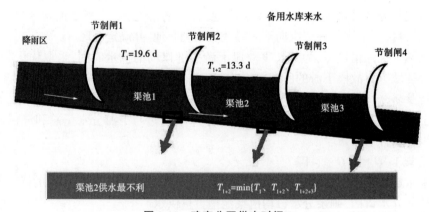

图 3-35 确定分区供水时间

（4）确定完第一个最不利渠池之后，按照相同的原理依次向下游寻找不利渠池，最终所研究的区域寻找完毕之后，对所有的不利渠池进行比较，用公式 $T = \dfrac{V_L}{Q_{out} - Q_{in}}$ 计算 L 个优化分区的供水时间，设计供水方案，其中 V_L 为渠池可调蓄量，m^3。

针对上述的第 2）、3）、4）、5）4 种情况，均可能存在来水有剩余可供给部分下一级分水口门的情况。对剩余来水的合理分配,亦是延长下游口门供水时间的一个重要影响因素。本方案选择将该部分剩余来水提供给优化分区方法中依次寻找出的最不利渠池,以减小对渠池槽蓄量的最大程度消耗,从而进一步延长下游整体供水时间。

另外,考虑到渠池槽蓄量满足每小时变幅不超过 15 cm,每天变幅不超过 30 cm 的要求,可分成以下两种情况:

①30 cm 的槽蓄量 V_1 可以满足最不利渠池 24 h 的用水,即:

$$T = \frac{V_1}{Q_{\text{out}}} > 24 \text{ h} \tag{3-42}$$

可继续进行供水时间的计算,直到渠道的水位低于下限水位或 30 cm 的槽蓄量不能满足最不利渠池 24 h 的分水,停止计算,此时所计算供水时间的总和即为最不利渠池的供水时间。

②30 cm 的槽蓄量 V_1 不可以满足最不利渠池 24 h 的用水,即:

$$T = \frac{V_1}{Q_{\text{out}}} < 24 \text{ h} \tag{3-43}$$

此时 T 为最不利渠池的供水时间。

(5)将当前渠池-最不利渠池划分为一个供水分区。

(6)最后再按照上述步骤依次向下游寻找最不利渠池,并确定分区(见图 3-36)。

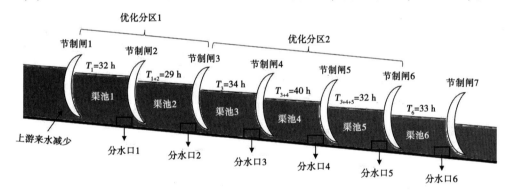

图 3-36　确定分区

这种分区方法主要通过渠池分区的供水时间来反映渠池的分水情况,当累加渠池的分水时间为最小值时,则说明累加的最后一个渠池分水量较大,称这个渠池为最不利渠池。最不利渠池因为分水量较大,无法向下游继续供水,倘若继续往下游供水,会加剧渠池的分水情况,导致渠池分水时间变少,所以关闭下游闸门,将最大程度地延长最不利渠池的供水时间。

中线工程的应急事故下游调控方案的制订以往均采用局部分区供水的方法,局部分区供水表示当前渠池仅为当前渠池内或下游邻近渠池内口门供水。相比局部分区供水方式,优化分区供水方法在各种工况下均能够延长最不利渠池的供水时间。

3.4.2 实例分析

"7·20"特大暴雨是一次发生在河南郑州的极端事件,受灾范围广泛,同时也影响到了南水北调中线工程。2021 年 7 月 21 日 18 时,穿黄节制闸的流量已降到 39.27 m³/s,此时,将穿黄节制闸作为事故段渠池的末端节制闸,研究对象为穿黄隧洞出口节制闸到北拒马河暗渠进口节制闸,即 26 号渠池至 60 号渠池共 35 个渠池,以每日渠池降幅不大于 0.3 m 与节制闸闸前水位降幅不超过 3 m 为限制条件,计算只供Ⅰ级口门、供Ⅰ+Ⅱ级口门、供Ⅰ+Ⅱ+Ⅲ级口门、供Ⅰ+Ⅱ+Ⅲ+Ⅳ级口门 4 种场景下事故段下游的供水时间,并给出供水期的节制闸闸前水位变化过程与日均过闸流量过程。

3.4.2.1 只供Ⅰ级口门

1. 初始条件

下游段各渠池的上游过闸流量与下游闸前水位如图 3-37 所示。

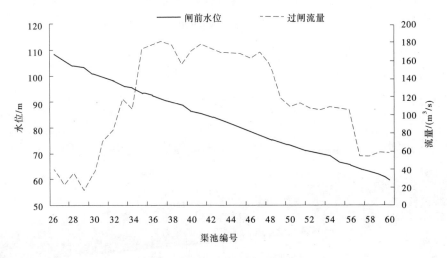

图 3-37 下游段各渠池上游过闸流量与下游闸前水位

只供Ⅰ级分水口与退水闸,即只供给北京与天津,此时的分水口为西黑山分水口(F71~F72,供给天津),北拒马分水口(北拒马河节制闸,供给北京),且这两个分水口皆在工程的末端部分,表 3-26 为Ⅰ级分水口的分水流量,无Ⅰ级退水闸。

表 3-26 Ⅰ级分水口分水流量

序号	分水口编号	分水口名称	分水流量/ (m³/s)
1	F71~F72	西黑山分水口	46.71
2	F75	北拒马分水口	40.00

2. 计算结果

在只供Ⅰ级分水口的场景下,利用上游来水流量 39.27 m³/s 和渠道的可利用蓄量,可以给Ⅰ级分水口连续供给 9 d。供水期事故段下游全部槽蓄量变化如图 3-38 所示,图中展示了供水期的河渠总蓄量变化过程,呈下降趋势;渠道的累计供水量,呈上升趋势;渠道每日的供水蓄量不变。从图 3-39 中可以得出供水期初始时刻与结束时刻的各渠池蓄量变化的走势基本一致,且 26—29 号渠池的蓄量在供水期前后几乎无变化,说明此时这几个渠池的可用蓄量也无法满足全线一天内的持续供水。图 3-40 展示了供水期内第 6 天事故段下游所有渠池的闸前水位与过闸流量。

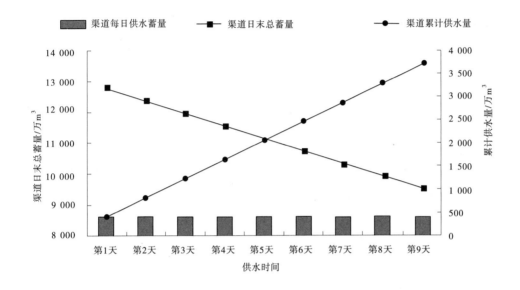

图 3-38　供水期事故段下游的槽蓄变化

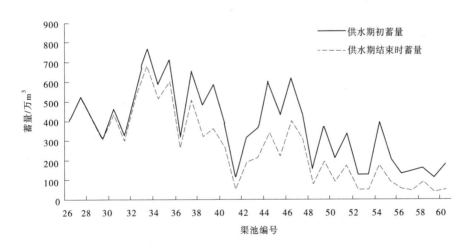

图 3-39　供水期初始与结束时各渠池蓄量

同时,计算得到各个渠池供水期的蓄量变化过程、上游闸门日均流量与下游闸前水位过程,以 50 号渠池为例,渠池的蓄量变化过程、累计供水量与每日供水量如图 3-41 所示,

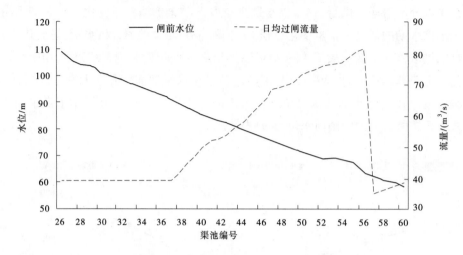

图 3-40　供水期第 6 天各渠池下游闸前水位与上游日均过闸流量

与事故段下游整个渠道的蓄量变化过程一致。图 3-42 为供水期间 50 号渠池下游闸门闸前水位与上游日均过闸流量,由图 3-42 可知,随着时间的推移,50 号渠池闸前水位呈下降趋势,恰恰说明渠池的蓄量一直在减少,50 号渠池上游过闸流量呈上升的趋势,说明下游渠池可利用的蓄量越来越少,更加依赖上游渠池的补充。

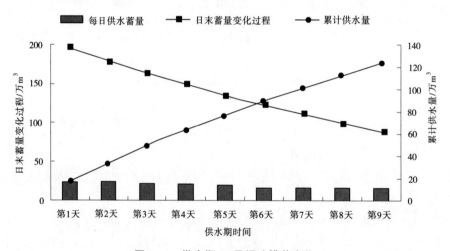

图 3-41　供水期 50 号渠池槽蓄变化

3. 对比分析

局部分区供水方法,即分水口由所在渠池进行单独供水,将上游来水根据流量 (39.27 m³/s) 的比例进行分配,计算得出给 I 级口门供水,可供给天数均不足 1 d(见表 3-27),采用优化分区供水的方案,可连续供给 I 级口门 9 d,大大延长了供水时间。

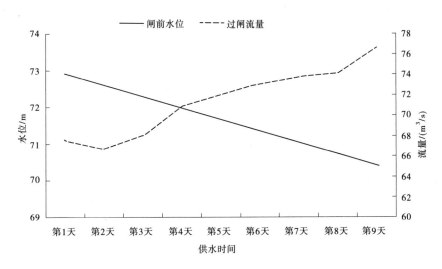

图 3-42 供水期 50 号渠池下游闸前水位与上游日均过闸流量

表 3-27 局部分区方法供水天数

渠池编号	可供蓄量/ 万 m³	分水流量/ （m³/s）	来水流量/ （m³/s）	可供给时间/ d
56	75.68	44.00	20.57	0.37
60	127.71	40.00	18.70	0.69

4.应急调控方案

基于上述计算的结果,在郑州"7·20"特大暴雨事件中,在 7 月 21 日 18 时,穿黄节制闸过闸流量只有 39.27 m³/s 的情况下,可连续供给北京与天津 9 d,在供水期间,调度人员需按照给出的渠池下游节制闸闸前水位进行闸门的控制,可保证连续 9 d 的供水,同时建议管理人员及早做出相应供水方案,在连续供水时间结束时,可以继续保障北京与天津的用水需求。

3.4.2.2 供Ⅰ+Ⅱ级口门

此供水场景的节制闸初始流量和闸前水位与上个场景只供Ⅰ级口门相同,不同点在于增加了Ⅱ级口门的供水。Ⅰ级和Ⅱ级分水口分水流量见表 3-28,Ⅰ级和Ⅱ级退水闸的退水流量见表 3-29。

表 3-28　　Ⅰ级和Ⅱ级分水口分水流量

序号	分水口编号	分水口名称	分水流量/ (m³/s)	级别
1	F71~F72	西黑山分水口	46.71	Ⅰ
2	F75	北拒马分水口	40.00	Ⅰ
3	F62	田庄分水口	41.02	Ⅱ
4	F63	永安分水口	1.11	Ⅱ

表 3-29　　Ⅰ级和Ⅱ级退水闸退水流量

序号	退水闸编号	退水闸名称	退水流量/ (m³/s)	级别
1	T42	滹沱河退水闸	10	Ⅱ
2	T43	磁河古道退水闸	0	Ⅱ

此时一日的总需水量为 1 199.58 万 m³, 上游来水供给为 339.29 万 m³, 可用的槽蓄供给量为 769.88 万 m³, 总的可供水量为 1 109.17 万 m³, 不足以满足一日的需水量, 根据模型计算结果显示, 只能供给 21.48 h。

3.4.2.3　供Ⅰ+Ⅱ+Ⅲ级口门

此供水场景的节制闸初始流量和闸前水位与上个场景相同, 不同点在于要给Ⅲ级口门供水。Ⅰ级、Ⅱ级和Ⅲ级分水口分水流量见表 3-30, Ⅰ级、Ⅱ级和Ⅲ级退水闸退水流量见表 3-31。

此时一日的总需水量为 1 333.58 万 m³, 上游来水供给为 339.29 万 m³, 可用的槽蓄供给量为 769.88 万 m³, 总的可供水量为 1 109.17 万 m³, 不足以满足一日的需水量, 根据模型计算结果显示, 只能供给 18.58 h。

3.4.2.4　供Ⅰ+Ⅱ+Ⅲ+Ⅳ级口门

此供水场景的节制闸初始流量和闸前水位与上个场景相同, 不同点在于要给Ⅳ级口门的供水。Ⅰ级、Ⅱ级、Ⅲ级和Ⅳ级分水口分水流量见表 3-32, Ⅰ级、Ⅱ级、Ⅲ级和Ⅳ级退水闸退水流量见表 3-33。

此时一日的总需水量为 1 630.97 万 m³, 上游来水供给为 339.29 万 m³, 可用的槽蓄供给量为 769.88 万 m³, 总的可供水量为 1 109.17 万 m³, 不足以满足一日的需水量, 根据模型计算结果显示, 只能供给 14.30 h。

表 3-30　Ⅰ级和Ⅱ级与Ⅲ级分水口分水流量

序号	分水口编号	分水口名称	分水流量/（m^3/s）	级别	序号	分水口编号	分水口名称	分水流量/（m^3/s）	级别
1	F71～F72	西黑山分水口	46.71	Ⅰ	12	F42	南流寺分水口	1.38	Ⅲ
2	F75	北拒马分水口	40.00	Ⅰ	13	FF	民有渠分水口	0	Ⅲ
3	F62	田庄分水口	41.02	Ⅱ	14	F45	下庄分水口	2.73	Ⅲ
4	F63	永安分水口	1.11	Ⅱ	15	F46	郭河分水口	1.04	Ⅲ
5	F30	府城分水口	0.03	Ⅲ	16	F47	三陵分水口	0	Ⅲ
6	F31	苏蔺分水口	0.93	Ⅲ	17	F50	邓家庄分水口	0	Ⅲ
7	F32	白庄分水口	0	Ⅲ	18	F51	南大郭分水口	2.20	Ⅲ
8	F37	袁庄分水口	0.19	Ⅲ	19	F52	刘家庄分水口	0.47	Ⅲ
9	F38	三里屯分水口	4.07	Ⅲ	20	F70	郑家佐分水口	0.74	Ⅲ
10	F39	鹤壁刘庄分水口	0.66	Ⅲ	21	F71	徐水刘庄分水口	0	Ⅲ
11	F41	小营分水口	1.07	Ⅲ					

表 3-31 Ⅰ级、Ⅱ级和Ⅲ级退水闸退水流量

序号	退水闸编号	退水闸名称	退水流量/（m³/s）	级别	序号	退水闸编号	退水闸名称	退水流量/（m³/s）	级别
1	T42	滹沱河退水闸	10	Ⅱ	9	T30	漳河退水闸	0	Ⅲ
2	T43	磁河古道退水闸	0	Ⅱ	10	T31	滏阳河退水闸	0	Ⅲ
3	T20	闫河退水闸	0	Ⅲ	11	T33	沁河退水闸	0	Ⅲ
4	T21	李河退水闸	0	Ⅲ	12	T35	七里河退水闸	0	Ⅲ
5	T22	溃城寨河退水闸	0	Ⅲ	13	T36	白马河退水闸	0	Ⅲ
6	T26	香泉河退水闸	0	Ⅲ	14	T37	李阳河退水闸	0	Ⅲ
7	T27	淇河退水闸	0	Ⅲ	15	T38	泜河退水闸	0	Ⅲ
8	T29	安阳河退水闸	0	Ⅲ	16	T49	漕河退水闸	0	Ⅲ

表 3-32　Ⅰ级、Ⅱ级、Ⅲ级和Ⅳ级分水口分水流量

序号	分水口编号	分水口名称	分水流量/(m³/s)	级别	序号	分水口编号	分水口名称	分水流量/(m³/s)	级别
1	F71-F72	西黑山分水口	46.71	Ⅰ	26	F35	老道井分水口	3.10	Ⅳ
2	F75	北拒马分水口	40.00	Ⅰ	27	F36	温寺门分水口	0.87	Ⅳ
3	F62	田庄分水口	41.02	Ⅱ	28	F40	董庄分水口	0.75	Ⅳ
4	F63	永安分水口	1.11	Ⅱ	29	F43	于家店分水口	0.26	Ⅳ
5	F30	府城分水口	0.03	Ⅲ	30	F44	白村分水口	2.16	Ⅳ
6	F31	苏蔺分水口	0.93	Ⅲ	31	F48	吴庄分水口	1.28	Ⅳ
7	F32	白庄分水口	0	Ⅲ	32	F49	攒董分水口	3.05	Ⅳ
8	F37	袁庄分水口	0.19	Ⅲ	33	F53	北盘石分水口	0.15	Ⅳ
9	F38	三里屯分水口	4.07	Ⅲ	34	F54	黑沙村分水口	1.15	Ⅳ
10	F39	鹤壁刘庄分水口	0.66	Ⅲ	35	F55	沛河分水口	0.23	Ⅳ
11	F41	小营分水口	1.07	Ⅲ	36	F56	北马分水口	0.32	Ⅳ
12	F42	南流寺分水口	1.38	Ⅲ	37	F57	赵同分水口	0.75	Ⅳ
13	FF	民有渠分水口	0	Ⅲ	38	F58	万年分水口	0.48	Ⅳ
14	F45	下庄分水口	2.73	Ⅲ	39	F59+F60	上庄分水口+新增	1.03	Ⅳ
15	F46	郭河分水口	1.04	Ⅲ	40	F61	南新城分水口	0.52	Ⅳ
16	F47	三陵分水口	0	Ⅲ	41	F64	西名分水口	0.31	Ⅳ
17	F50	邓家庄分水口	0	Ⅲ	42	F65	留营分水口	0.54	Ⅳ
18	F51	南大郭分水口	2.20	Ⅲ	43	F66	中管头分水口	6.00	Ⅳ
19	F52	刘家庄分水口	0.47	Ⅲ	44	F67	大寺城涧分水口	0.30	Ⅳ
20	F70	郑家佐分水口	0.74	Ⅲ	45	F68	高昌分水口	2.47	Ⅳ
21	F71	徐水刘庄分水口	0	Ⅲ	46	F69	塔坡分水口	0.11	Ⅳ
22	F28	北冷分水口	0.19	Ⅳ	47	F72	荆柯山分水口	0.28	Ⅳ
23	F29	北石洞分水口	0.74	Ⅳ	48	F73	下车亭分水口	1.04	Ⅳ
24	F33	郭屯分水口	0.34	Ⅳ	49	F74	三岔沟分水口	5.63	Ⅳ
25	F34	路固分水口	0.37	Ⅳ					

表 3-33　Ⅰ级、Ⅱ级、Ⅲ级和Ⅳ级退水闸退水流量

序号	退水闸编号	退水闸名称	退水流量/(m³/s)	级别	序号	退水闸编号	退水闸名称	退水流量/(m³/s)	级别
1	T42	滹沱河退水闸	10	Ⅱ	18	T24	黄水河支退水闸	0	Ⅳ
2	T43	磁河古道退水闸	0	Ⅱ	19	T25	孟坟河退水闸	0	Ⅳ
3	T20	㟃河退水闸	0	Ⅲ	20	T28	汤河退水闸	0.50	Ⅳ
4	T21	李河退水闸	0	Ⅲ	21	T32	忙牛河南支退水闸	0	Ⅳ
5	T22	溃城寨退水闸	0	Ⅲ	22	T34	洺河退水闸	0	Ⅳ
6	T26	香泉河退水闸	0	Ⅲ	23	T39	午河退水闸	0	Ⅳ
7	T27	淇河退水闸	0	Ⅲ	24	T40	槐河(一)退水闸	0	Ⅳ
8	T29	安阳河退水闸	0	Ⅲ	25	T41	沋河退水闸	0	Ⅳ
9	T30	漳河退水闸	0	Ⅲ	26	T44	沙河(北)退水闸	0	Ⅳ
10	T31	滏阳河退水闸	0	Ⅲ	27	T45	唐河退水闸	0	Ⅳ
11	T33	沁河退水闸	0	Ⅲ	28	T46	曲逆中支退水闸	0	Ⅳ
12	T35	七里河退水闸	0	Ⅲ	29	T47	蒲阳河退水闸	0	Ⅳ
13	T36	白马河退水闸	0	Ⅲ	30	T48	界河退水闸	0	Ⅳ
14	T37	李阳河退水闸	0	Ⅲ	31	T50	瀑河退水闸	0	Ⅳ
15	T38	泜河退水闸	0	Ⅲ	32	T51	北易水退水闸	0	Ⅳ
16	T49	漕河退水闸	0	Ⅲ	33	T52	水北沟退水闸	0	Ⅳ
17	T23	峪河退水闸	0	Ⅳ	34	T53	北拒马河退水闸	0	Ⅳ

第 4 章　冰害防控约束下的
冰期输水时空优化技术

寒冷地区河流中的冰盖、冰塞等现象,因危害严重、难以治理、成因复杂等原因成为我国冬季江河中极为突出的自然灾害。南水北调中线工程由南向北跨越北纬 33°~40°,水流由亚热带流向暖温带。其中,总干渠自陶岔渠首至北拒马河暗渠进口段主要为输水明渠,冬季受寒冷天气影响,沿线会不同程度产生冰凌,存在岸冰、流冰、冰盖等冰情和冰塞等冰害风险。保障冰期输水安全是中线工程冬季运行调度的首要任务。根据工程设计条件,中线总干渠冰期输水范围为安阳河以北段,具体为汤河节制闸(不含)至北京惠南庄泵站,全长约 480 km;冰期输水时间通常为冬季 3 个月,即 12 月 1 日至次年 2 月底。为保障冰期输水安全,中线工程按照现行调度规程,在 12 月 1 日进入冬季后,形成冰盖前,提高渠道水位,通过控制流量和流速,让水面形成稳定冰盖,在浮托冰盖下输水。这种高水位、小流量、低流速的运行模式会一直持续到冰期结束,导致下游供水量较正常输水期大幅度减少,在影响工程效益有效发挥的同时,也使冬季水量供需矛盾日益凸显。如何避免冰期灾害,提高调水工程冰期输水安全与效率是需要研究的重点内容。

首先,在冰期环境条件下,冰情演化中存在流冰堆积、冰凌下潜、冰盖破碎等多种潜在冰害风险,面向中线总干渠串联闸群系统,针对性和适应性的冰害防控水力约束体系是冰期输水调度的关键所在。其次,对于冰期输水冰情预测预警方法,冰期影响因素复杂,渠道冰情的生消演变受热力因素、动力因素、渠道特征和运行调度等因素影响,各因素相互联系、相互制约,在不确定的气候条件作用下,中线工程冰情存在随机性和突发性,冰情预测难度大精度低,冰情发展和冰害风险缺乏可靠的预警依据。最后,面对冬季日益严峻的供需矛盾,一成不变的冰期运行方式已难以满足中线工程运行需求。而在冰害风险约束和冰情不确定性影响下,建立科学有效的输水调度方法,实现合理的冰期动态调度和输水状态时空优化就尤为重要。

本章主要针对中线工程冰害安全输水缺乏水力约束和目标、中线工程冰期输水冰情预测手段不足、不确定性冰情影响下输水调度优化等难题,研究适用于中线工程的冰害防控水力条件、冰情生消过程预测模型和基于动态调度的冰期输水状态时空优化方法,以实现在保障冰期输水安全的同时提升中线冬季输水能力。

4.1　中线工程冰害防控临界水力条件识别

4.1.1　明渠冰盖发展控制条件分析

本章在分析冰盖上溯推进模式控制条件和冰块下潜控制条件的基础上,给出明渠冰期运行的控制因子,为明渠冰期运行输水能力的确定奠定基础。

4.1.1.1 冰盖上溯控制条件

进入冰期,渠道内首先产生流冰,如果拦冰索前的水流条件不致引起流冰下潜,那么流冰就会在拦冰索前堆积,拦冰索前的渠道断面首先形成冰盖,并由此逐渐向上游推进。影响冰盖稳定的水力学因子有水流弗劳德数和冰盖前缘的水流流速。

1. 水流弗劳德数

研究发现冰盖前缘水流弗劳德数的大小决定了上游来冰是否会在冰盖前缘下潜以及冰盖向上游的推进模式。当冰盖前缘水流弗劳德数小于第一临界弗劳德数时,冰块不发生翻转、下潜,冰盖以平铺上溯的模式发展(又称平封),冰盖的厚度约等于冰块的厚度。沈洪道等通过对圣·劳伦斯河和上游的现场观测,建议第一临界弗劳德数为0.05~0.06。当冰盖前缘的弗劳德数大于临界弗劳德数时,单一冰块的并列推进将不可能维持,这时冰盖将以水力加厚的方式向前推进(又称立封)。

沈洪道、孙肇初等学者经现场观测认为,第二临界弗劳德数为0.09左右。黄河的刘家峡、盐锅峡河段的原型观测结果也表明第二临界弗劳德数为0.09。引黄济青工程经过多年的运行实践,确定渠道冰期输水过程中水流的弗劳德数应小于0.08,京密引水工程将弗劳德数小于0.09作为渠道冰期运行的控制条件之一。可见,要实现冰盖下输水,在冰盖形成期内渠道水流的弗劳德数应小于0.08~0.09。出于安全考虑,刘之平等将完全下潜的第二临界弗劳德数取为0.08,即将渠道的初始水流弗劳德数小于0.08作为确定渠道在冰盖形成期的输水能力的控制指标。

水流弗劳德数大于第二临界弗劳德数时,顺流而下的冰花将会在冰盖前缘下潜,顺水流向下游输移,冰盖将停止向上游发展,这种情况下敞流段会源源不断地产生冰花,大量的冰花下潜到冰盖下面,容易诱发冰塞和冰坝等冰灾。

2. 水流流速

Maclachlan 根据圣·劳伦斯河观测资料,认为冰块下潜的临界流速为0.69 m/s,Estiveef 和 Teseaker 在类似分析后,认为该临界流速在0.60~0.69 m/s 范围内变化。

Sinotin 等根据试验研究,认为模拟冰块临界下潜条件为:

$$V_c = (0.035gL)^{1/2} \tag{4-1}$$

式中:V_c 为冰块下潜的临界流速;L 为冰块长度。

Michel 则根据其试验结果,认为冰块下潜的临界流速 V_c 的表达式为:

$$V_c = k_0 \left[2g(\rho - \rho') \frac{t}{\rho} \right]^{1/2} \tag{4-2}$$

式中:t 为冰块的厚度;ρ 为水的密度;ρ' 为冰的密度;k_0 为冰块的形状系数。

王军通过对试验数据进行回归分析,认为冰块下潜的临界流速由下式确定:

$$\frac{V_c}{\sqrt{gt}} = 0.103\,4 \left(\frac{t}{L}\right)^{-0.112\,9} \left(\frac{B}{L}\right)^{0.259\,7} \left(\frac{t}{h}\right)^{-0.491\,9} \tag{4-3}$$

式中:L 为冰块长度;B 为冰块宽度;t 为冰块厚度;h 为水深。

试验研究发现,冰凌在障碍物阻滞下是否下潜,与冰凌的运动速度有直接关系,王军在其试验中也证实了这一点:同一尺寸的冰块临界下潜时,水流所具有的平均流速对水深变化不敏感。冰块是否下潜取决于冰块的运动速度,即水流表面流速。因此,以水流表面流速作为冰凌下潜指标较为合适。

《水工建筑物抗冰冻设计规范》(SL 211—2006)中对冰期运行渠内的流速作了相关规定,流速应控制在 0.5~0.7 m/s,不得大于 0.7 m/s。

1989—1991 年连续两个冬季,北京市水利科学研究所对京密引水渠开展了冰期输水观测,发现当流速小于 0.6 m/s 时,上游产生的薄冰片漂浮于水面,到达冰盖前缘或拦冰索处,不潜入水中,而停滞在冰盖前缘呈叠瓦状堆积,冰面堆积到一定的厚度后,逐渐向上游发展,并形成冰盖。北京市水利科学研究所分析原型观测的结果,认为在冰盖形成期渠道内的断面平均流速应控制在 0.6 m/s 以下,以避免冰盖前缘冰花下潜并向下游输移而发生冰塞。文献[6]也将渠道内水流流速不超过 0.6 m/s 作为冰盖形成期输水能力的控制指标之一。

分析式(4-1)和式(4-2)可知,冰块下潜临界流速并不是定值,它与冰块的长度和厚度有关。王军对试验数据回归分析得到的计算公式本质上是冰厚弗劳德数,其值与冰块的长度、厚度、宽度和冰盖前缘的水深有关。因此,将水流流速作为冰盖稳定的控制因子存在一定的不确定性,当控制不当时,有可能引发冰塞。

以北拒马河节制闸前渠池为例,2015—2016 年冬季输水过程中,北拒马河节制闸的过闸流量约为 30 m³/s,闸前流速为 0.44~0.53 m/s,小于 0.6 m/s,其闸前水流弗劳德数在冰期输水过程中为 0.08~0.09(见图 4-1),与国内外文献中给出第二临界弗劳德数相同。2015—2016 年冬季冰期运行经验表明,在冰盖上溯过程中,有不少冰块从冰盖前缘下潜,并随水流运行至拦冰索,在拦冰索底部下潜进入拦污栅前渠段内。为了防止浮冰堵塞拦污栅,影响渠道的输水安全,需要人工打捞浮冰块,通常每 3 h 打捞一次,每次耗时约 1 h。在气温特别寒冷的时候,通常要 24 h 不断地打捞浮冰。

北拒马河节制闸前渠段冰期输水运行经验表明,渠道内水流流速并不能作为冰盖形成期渠道输水能力的主要控制指标,只能作为辅助控制指标,而第二临界弗劳德数的大小也需要通过深入分析才能确定。

4.1.1.2　冰盖下潜控制条件

冰块在冰盖前缘的下潜方式与冰块的尺寸大小有关,当冰块厚度适中时(冰厚与冰块长度比值在 0.1~0.8),冰块翻转下潜;当冰块的厚度与长度比值超过 0.8 或者小于 0.1 时,冰块垂直下潜。

为了分析冰块下潜的机制,Uzuner 和 Kennedy 进行了大量试验研究,模型相对密度 s_i 为 0.37~0.89,冰块厚度与长度比值从 0.096 到 0.773。其中 $s_i = \dfrac{\rho_i}{\rho_w}$ 为相对密度;ρ_i 为冰的密度;ρ_w 为水的密度。分析表明:冰凌下潜是由于冰块底部流速增大引起的伯努利效应,以及冰块对水流的分流作用,从而产生向下的力矩。当水流对冰块产生的向下力矩超过浮力力矩的最大值时,冰凌将以转动的方式下潜。当向下的吸力和浮力作用点几乎重合时,冰凌将发生垂直运动而下潜。

Ashton 对 Uzuner 和 Kennedy 试验数据进行分析,认为冰凌下潜的临界条件与冰厚弗劳德数相关,冰凌下潜的冰厚弗劳德数 F_t 满足如下关系:

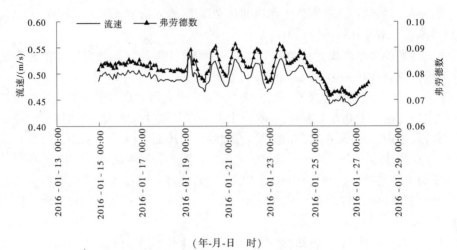

图 4-1　北拒马河 2015—2016 年冰期输水期间
闸前水流流速和水流弗劳德数变化曲线

$$F_t = \frac{V_c}{\sqrt{gt \cdot (1 - s_i)}} = \frac{2 \cdot (1 - t/H)}{\sqrt{5 - 3 \cdot (1 - t/H)^2}} \tag{4-4}$$

式中:V_c 为冰块上游流速;H 为冰块上游水深;g 为重力加速度;t 为冰块厚度。

Ashton 在分析冰块下潜时,忽略了冰块厚度与长度比值对冰块下潜的影响。练继建等为了考虑冰块厚度与长度比值的影响,给出了冰凌下潜的修正公式:

$$F_t = \frac{V_c}{\sqrt{gt \cdot (1 - s_i)}} = k \frac{2 \cdot (1 - t/H)}{\sqrt{5 - 3 \cdot (1 - t/H)^2}} \tag{4-5}$$

式中:k 为修正系数。数值模拟和物理模型试验结果表明,修正系数在 1.15~1.35,当冰块的前缘断面偏向矩形时,修正系数取小值。

冰凌下潜水流弗劳德数与冰厚有关,练继建等分析表明,当冰厚为 0.1 m 时,结冰期冰凌下潜的水流弗劳德数约为 0.04。

当水流条件超过冰凌下潜的临界条件时,冰盖将以水力加厚方式向上游推进。随着水流流速的增加,部分冰凌可随水流运动至拦冰索前。如果冰凌在拦冰索前不下潜,则冰盖是稳定的,渠道冰期输水不会出现冰凌灾害。如果冰凌在拦冰索前下潜并越过拦冰索,则渠道冰期输水将容易诱发冰凌灾害。因此,渠道冰期输水的控制指标除水流条件外,对拦冰索的结构尺寸也应有一定的要求。

目前,对拦冰索的拦冰能力及冰凌下潜的临界指标研究尚未见报道。1978 年,Stewart 和 Ashton 开展了淹没孔口出流冰凌下潜的特性研究,分析表明,影响冰凌在淹没孔口下潜的主要因素包括基于出口水流流速的弗劳德数、出口顶部的淹没水深和出口深度与总深度的比值。Stewart 和 Ashton 的研究对冰凌在拦冰索附近的下潜具有重要的参考价值。因为,当拦冰索被冰凌完全封住时,拦冰索附近的水流流态与淹没孔口附近的水流流态相似;当拦冰索部分堵塞时,部分水流从拦冰索孔隙间流过,与淹没孔口出流相比较,冰凌更不容易下潜。因此,借用淹没孔口出流的研究成果确定拦冰索的拦冰效果及分析冰凌下潜的临界指标,对工程运行来说是偏安全的。

Ashton对30年前的数据进行了深入分析,发现当使用上游流速和水深作为参变量时,研究成果具有更大的参考意义。设孔口或闸门的淹没水深为H_1(水面到孔口顶部的距离),孔口的进口水深为H,则冰凌是否下潜与H_1/H的比值密切相关,当$H_1/H<0.15$时,冰凌很容易下潜,并被水流携带进入孔口;当$0.15\leq H_1/H<0.33$时,冰凌下潜的临界水流弗劳德数为

$$Fr = \frac{V}{\sqrt{gH}} = 0.28\left(\frac{H_1}{H}\right)^{0.85} \tag{4-6}$$

式中:V为水流流速。

当$H_1/H>0.33$时,应采用冰块弗劳德数$F_b = \dfrac{V}{\sqrt{g\left(1-\dfrac{\rho_i}{\rho}\right)t_i}}$来判断,为了保证冰块不被输移,冰块弗劳德数应小于3.7。

从式(4-7)中可知,当$H_1/H=0.15$时,冰凌下潜的水流弗劳德数为0.056,与冰盖前缘附近冰凌下潜的第一临界弗劳德数一致。说明当淹没深度很小时,建筑物的表面或拦冰索对冰凌的阻挡作用有限,冰凌的下潜完全取决于水流条件。

北拒马河节制闸上游设计水深为3.8 m,闸前设一道拦冰索,拦冰索水下深度约0.7~0.8 m,根据式(4-6)计算得知,防止冰凌在拦冰索处下潜的临界水流弗劳德数为0.066~0.074。2015—2016年度冰期运行过程中,闸前水流弗劳德数为0.08~0.09,大于冰凌下潜的临界弗劳德数,因此运行时发现有不少的流冰从拦冰索处下潜进入下游渠道,影响了渠道的安全运行。2015—2016年度北拒马河上游渠段冰期运行经验表明,采用Ashton的判据确定拦冰索冰凌是否下潜是合理的。

4.1.1.3　分析讨论

根据上述分析可知,渠道在冰期输水过程中,需要控制水流流速并采取适当的拦冰措施才能保证冰期的输水安全。具体指标如下:

(1)在结冰期,如果为了减小冰盖的糙率,可降低水流流速,使冰盖按照平铺上溯方式发展,冰盖前缘的水流弗劳德数控制在0.05~0.06。

(2)在冬季输水过程中,如果希望增加渠道冰期的输水能力,可适当增加水流流速,使冰盖按照立封方式发展,水流弗劳德数控制在0.08~0.09。为冰期运行安全起见,水流临界弗劳德数可取0.08。

(3)为了保证冰盖的稳定,需在倒虹吸、节制闸等建筑物前布设拦冰设施。拦冰设施在水下的高度与该部位的水流条件有关,可利用Ashton经验公式计算确定。当拦冰索水下高度不足时,需要减小输水流量,以保障渠道冰期输水安全。

4.1.2　中线冰害防控水力条件分析

实现冰盖下安全输水必须要保证渠道具备能形成冰盖的水流条件,同时还要注意冰盖形成后的渠道水位壅高。因此,确定渠道冰期输水能力,既要考虑冰盖形成期渠道冰盖的安全推进模式,即通过限定节制闸拦冰索前的水流弗劳德数,满足上游来冰不在拦冰索前和冰盖前缘下潜的水流条件,同时又要考虑完全冰封后的渠道的最大允许水位壅高,

分析渠道冰期运行控制方式、冰盖糙率、水面线变化等关键因素对水位壅高的影响。

4.1.2.1　冰盖糙率分析

冰盖糙率越大,相同的水位下,渠道的输水流量就越小,确定渠道冰盖糙率范围对确定渠道冰期输水能力十分重要。影响冰盖糙率的主要因素包括冰盖形成时的推进模式和冰盖下的水流对冰盖的冲刷历时。冰盖的初始糙率与冰盖的推进模式密切相关,当渠道内的冰盖按照平封方式生成时,冰盖的下表面光滑,冰盖初始糙率小;当渠道内的冰盖按照立封方式生成时,冰盖下表面因流冰的堆积而参差不齐,冰盖的初始糙率较大。整个冬季,渠道冰盖糙率并不是一成不变的,实际观测表明,冰盖糙率是时间的函数,随冰盖下水流冲刷历时而成指数关系减小。冰盖形成初期糙率最大,随着水流的冲刷,冰盖底部的棱角逐渐变得圆滑,糙率值逐渐减小,并最终趋近于某一稳定值。

Nezhikhovskiy 在分析苏联大量原型观测资料和众多学者研究成果的基础上,提出了冰盖糙率的衰减公式:

$$n_t = n_{t,e} + (n_{t,i} - n_{t,e})e^{-kt} \tag{4-7}$$

式中:n_t 为某时刻冰盖糙率;$n_{t,e}$ 为冬季末期的稳定冰盖糙率;$n_{t,i}$ 为冰盖形成初期的冰盖糙率;k 为衰减系数,其统计数值如表 4-1 所示;t 为封冻天数。

表 4-1　衰减系数 k 取值

冬季气象条件	冰盖特征		
	清沟多	清沟少	无清沟
冷冬	0.005	0.010	0.020
平冬	0.023	0.024	0.025
暖冬	0.050	0.040	0.030

许多文献通过原型观测的结果测算了渠道的冰盖糙率值,这些观测资料有的是针对河道的,有的是针对人工渠道的,所得到的冰盖糙率范围相对较大。

1. 河道冰盖糙率

1) 大清河系

河北省大清河河务管理处于 1995—1997 年连续两个冬季在大清河系北支的南拒马河、大清河和白沟引河的部分河段上开展了冰期输水原型观测工作。根据观测数据对各河段的冰盖糙率进行了计算,得到各河段冰盖糙率介于 0.012~0.025,平均值为 0.019。冰盖糙率分析表明,同一河段不同时期冰盖糙率也有很大变化,结冰初期冰盖糙率较大、后期糙率较小。如引河闸下游赵村河段冰盖糙率由 1997 年 1 月 10 日的 0.015 降至 1 月 25 日的 0.009。

2) 引黄济津南运河

河北省南运河河务管理处在 2002 年 12 月 20 日至 2003 年 1 月 21 日,对南运河冰情进行了观测,得到南运河综合糙率平均值为 0.037,与 1982 年"引岳济津糙率问题研究报告"中得到的综合糙率 0.035~0.04 相吻合。与非冰期河道的糙率 0.025 相比,冰盖下输水糙率值明显增大。根据 Sabaneev 综合糙率公式可以求得冰盖糙率为 0.047。

3）黄河河曲段

黄河河曲段的冰盖糙率观测表明,黄河河曲段初始冰盖糙率的变化范围一般在0.04~0.05,冬末的冰盖糙率在0.01~0.03。

4）苏联天然河道切卡夫站

苏联天然河道切卡夫站的冰盖糙率测算表明,在河道封冻10~20 d时,冰盖糙率为0.03~0.05;封冻40~50 d时,冰盖糙率为0.02~0.04;冰封80~100 d时,冰盖糙率为0.013~0.02。

2. 人工渠道冰盖糙率

1）京密引水渠

北京市水利科学研究所在1989—1991年连续两个冬季对京密引水渠开展了冰期输水观测。根据实测的水深、水面比降参数值,得出土渠段冰盖下渠道的综合糙率约为0.03,如果按照养护情况良好的土渠考虑,其糙率取0.022 5,根据Sabaneev的综合糙率公式,可以得到冰盖糙率为0.036。

2）引黄济青

引黄济青工程采用冰盖下输水方式运行,经过多年运行,积累了大量的实测资料和运行经验。根据引黄济青工程冰期输水观测分析,冰盖糙率在0.011~0.017,结冰初期大一些,后期小一些。

3）新疆北屯一干渠

在新疆维吾尔自治区水利厅的支持下,1995—1996年冬季新疆水利水电科学研究院与清华大学水利水电工程系合作,对额尔吉斯河北屯一干渠冬季输水进行了原型观测,水力半径分割指数取0.4,通过垂线流速分布方法求得冰盖糙率为0.031。

4）Larsen在电站引水渠的冰盖糙率测算结果

Larsen在1965—1966年冬季对某电站引水渠进行了实地观测,得出冰盖的糙率为0.019 2。

3. 南水北调中线干渠冰盖糙率原型观测

2014年底南水北调中线干线全线正式通水后,长江水利委员会长江科学院、长江勘测规划设计研究有限责任公司在京石段3个冬季冰情原型观测基础上,于2014年12月至2015年2月,开展了中线干线全线通水后的冰情原型观测,取得中线干线冬季冰期输水期间的气象、水力和冰情生消演变的第一手宝贵资料。

为了研究冰盖糙率,观测团队选择了水北沟渡槽至南拒马倒虹吸之间渠段为冰盖糙率观测断面(渠道桩号1 185+400~1 190+400),观测渠段长5 000 m,该渠段除中间一条转弯半径较大的弯道外,其他位置都是竖直段,且渠道断面一致,有利于数据测量和分析(见图4-2)。

在观测断面,每1 km布置一个水尺,共布置6个观测水尺,采用高精度水准仪引点,并进行两次校核,以提高测量精度。观测时间从2015年1月13日至2015年2月10日,

图 4-2　冰盖糙率观测渠段

冰盖融化消融后停止观测。每天 8 时、14 时、17 时各观测一次,开河期,水位波动大,增加观测频次。通过水尺断面观测读数,先计算渠段综合糙率,再确定冰盖糙率。通过观测和计算,冰盖稳定期,冰盖下表面较为平整光滑(平封模式),冰盖糙率在 0.008~0.015,平均值 0.011;融冰期,出现交错的冰洞后,水体在冰盖上下窜动,冰盖退化前缘过渡段冰盖下表面不平,为沙波状,冰盖糙率较大,而有的地方冰盖下表面比较平整,冰盖糙率小,因此融冰期冰盖糙率范围较大,在 0.015~0.020,平均值 0.017。

　　通过以上原型冰盖糙率测算结果可以看出,河道中的初期冰盖糙率一般较大,而人工渠道中的初期冰盖糙率相对较小,这是因为河道中的输水流量较大,且缺乏有效调控,冰盖多以水力加厚的方式推进,顺流而下的流冰,在冰盖前缘下潜并在冰盖下表面堆积,形如波状积云,因而冰盖糙率较大。而人工渠道一般通过节制闸等对输水流量进行有效的调控,结冰期的流速、水流弗劳德数均较河道值小,冰盖比较光滑,因此冰盖初期糙率相对较小。

　　从上面调研分析可知,南水北调中线干渠的冰盖糙率小于河流中的冰盖糙率,综合中线干渠的原型观测成果,并考虑一定的安全裕度,在分析中线干渠冰盖糙率对于水位壅高的影响时,取冰盖糙率为 0.020 进行计算。结合长江科学院《南水北调中线干线京石段应急供水工程临时通水期间水力学测试报告》中的结果,渠道壁面糙率取 0.014 8,根据 Sabaneev 公式,求得冰封条件下的渠道综合糙率为 0.017 5。

4.1.2.2　冰期水流数学模型

1. 考虑冰盖影响的一维水流控制方程

考虑浮动冰盖影响的渠道一维恒定非均匀流及非恒定流可以用圣维南方程组表示:

$$B \frac{\partial y}{\partial t} + \frac{\partial Q}{\partial x} = 0 \qquad (4-8)$$

$$\frac{1}{gA} \frac{\partial Q}{\partial t} + \frac{2Q}{gA^2} \frac{\partial Q}{\partial x} + \left(1 - \frac{BQ^2}{gA^3}\right) \frac{\partial y}{\partial x} + S_f - S_0 + \frac{\rho_i}{\rho} \frac{\partial h_i}{\partial x} = 0 \qquad (4-9)$$

式中: B 为渠道水面宽度; Q 和 A 分别为流量和过水断面面积; S_f 和 S_0 分别为水力坡降和渠道底坡; ρ_i 和 ρ 分别为冰和水的密度; h_i 为冰盖的厚度; $\frac{\rho_i}{\rho} \frac{\partial h_i}{\partial x}$ 可以视为由于冰盖厚度沿程变化而产生的当量坡度。

利用该式可以求得冰盖条件下,渠道水力要素沿程变化及随时间变化。

2. 冰盖影响下的能量坡度和综合糙率

在渠道生成冰盖以后,渠道的输水阻力就应考虑冰盖的影响。水面封冻以后,由于湿周增大和冰盖糙率的影响,作用于水流的阻力增加,冰下过流能力减小,上游水位壅高。冰盖影响下的能量坡度和综合糙率可采用以下公式计算:

当流动为明流时, $S_f = \dfrac{n_b^2 Q |Q|}{A^2 R^{\frac{4}{3}}}$, n_b 为渠道的糙率。

当河面断面完全冰封时, $S_f = \dfrac{n_c^2 Q |Q|}{A^2 R^{4/3}}$, $n_c = \left[0.5 (n_i^{\frac{3}{2}} + n_b^{\frac{3}{2}}) \right]^{\frac{2}{3}}$, n_c 为渠道综合糙率, n_i 为冰盖糙率, R 为水力半径。

4.1.2.3　中线干渠冰期输水能力

为了保证渠道内能够生成冰盖,且防止冰塞和冰坝的形成,输水渠道在冰盖形成期应满足临界水流弗劳德数的控制要求,以保证节制闸前拦冰索能够有效拦蓄流冰,并促进冰盖生成。因此,在冰期到来之前就需要调整输水渠道内的水位和流量,使渠道内的水流弗劳德数不超过临界弗劳德数。在该控制指标的约束下,通过计算冰期到来之前敞流渠道的恒定流,就可以确定相应闸前水位控制条件下,南水北调中线各渠池在冰盖形成期的输水能力。

综合南水北调中线总干渠冰期输水原型观测及前人相关研究成果可知,总干渠冰期输水的范围为安阳以北段,具体为汤河节制闸至北京惠南庄泵站之间的渠段范围。汤河节制闸以上各渠池冰期输水能力不受临界水流弗劳德数的限制,其冬季输水能力只受其下游渠池的输水能力限制。

本次研究分别针对节制闸前控制水位采用设计水位、加大水位以及设计水位和加大水位之间的中间水位 3 种情况,对汤河节制闸以下各渠池的结冰期输水能力进行分析。各节制闸前的控制水位如表 4-2 所示。

表 4-2　各节制闸前控制水位值　　　　　　单位：m

节制闸名称	桩号	闸前设计水位	中间水位	闸前加大水位
安阳河倒虹吸出口节制闸	716+995	92.67	92.86	93.05
穿漳河节制闸	731+453	91.87	92.06	92.25
牤牛河南支渡槽进口制闸	761+114	90.38	90.56	90.73
沁河倒虹吸出口节制闸	782+546	88.93	89.09	89.25
洺河渡槽进口节制闸	808+513	87.91	88.09	88.28
南沙河倒虹吸出口节制闸	829+669	85.59	85.75	85.91
七里河倒虹吸出口节制闸	835+236	84.92	85.08	85.24
白马河倒虹吸出口节制闸	850+422	83.95	84.12	84.29
李阳河倒虹吸出口节制闸	868+487	82.66	82.85	83.04
午河渡槽进口节制闸	899+307	81.03	81.23	81.43
槐河(一)倒虹吸出口节制闸	920+760	79.51	79.69	79.87
洨河倒虹吸出口节制闸	949+689	77.87	78.06	78.25
古运河暗渠进口节制闸	970+443	76.40	76.63	76.85
滹沱河倒虹吸出口节制闸	980+263	74.99	75.19	75.38
磁河倒虹吸出口节制闸	1 002+254	73.88	74.09	74.29
沙河(北)倒虹吸出口节制闸	1 017+430	72.57	72.79	73.00
漠道沟倒虹吸出口节制闸	1 036+983	71.32	71.56	71.79
唐河倒虹吸出口节制闸	1 046+216	70.49	70.73	70.97
放水河渡槽进口节制闸	1 071+911	69.44	69.71	69.98
蒲阳河倒虹吸出口节制闸	1 085+119	68.64	68.94	69.23
岗头隧洞进口节制闸	1 112+202	65.99	66.25	66.51
西黑山节制闸	1 121+955	65.28	65.54	65.80
瀑河倒虹吸出口节制闸	1 136+845	64.07	64.23	64.38
北易水倒虹吸出口节制闸	1 157+690	62.84	62.97	63.09
坟庄河倒虹吸出口节制闸	1 172+373	62.00	62.09	62.18
北拒马河暗渠进口节制闸	1 197+773	60.30	60.35	60.40

当水流弗劳德数按照 0.08 控制,各节制闸拦冰索前的冰盖发展模式为立封模式时,不同节制闸闸前控制水位下,各个渠池的结冰期输水能力如表 4-3 所示。表中各渠池冰期输水能力值反映了相应的闸前控制水位条件下,能够保证节制闸闸前拦冰索有效拦截流冰的最大输水流量。

由表 4-3 的计算结果可知,由于各渠池形状尺寸和闸前水深条件各异,因此各渠池的冰期输水能力差别较大,总体大致呈现由上游至下游减小的趋势。冰期输水能力最大的渠池是洺河节制闸所在渠池,闸前设计水位条件下冰期输水能力为 136.37 m³/s;冰期输水能力最小的渠池是北拒马河节制闸所在渠池,闸前设计水位条件下冰期输水能力为 30.63 m³/s。

就同一渠池而言,渠池末端节制闸的闸前控制水位越高,则该渠池的冰期输水能力就越大。以北拒马河节制闸所在渠池为例,闸前水位采用加大控制水位时(60.4 m),该渠池冰期输水能力将提高至 32.32 m³/s,较设计水位(60.3 m)下的冰期输水能力提高5.5%。而对于加大水位和设计水位差别较大的渠池,冰期输水能力提升更大,如西黑山节制闸所在渠池,闸前采用加大水位(65.28 m)时,该渠池冰期输水能力较设计水位(65.80 m)下提高 23.6%。

在各渠池临界弗劳德数都取 0.08 的条件下,各渠池临界流速并不相同。以闸前控制水位采用设计水位值为例,各渠池节制闸前的临界流速在 0.488~0.653 m/s,变化范围较大。因此,以临界弗劳德数作为渠池冰期输水能力的控制指标更为科学,操作性和可行性更强。

冰期输水过程中,受渠池结构尺寸的影响,各渠池的输水能力存在一定的差异,部分下游渠池的输水能力甚至大于上游渠池的输水能力。由于各渠池为串联分布,当上游渠池输水能力不足时,其下游渠池的输水能力也受到了限制。根据这个特点可计算出各渠池在冰期输水过程中的最大过流能力(见表 4-4)。从表 4-4 中可见,当闸前水位按照设计水位控制时,岗头隧洞节制闸和西黑山节制闸上游渠池的冰期最大输水能力为 63.52 m³/s,北拒马河节制闸上游渠池的冰期最大输水能力是 30.63 m³/s。

若要求各节制闸拦冰索前冰盖生成过程为平封模式,则节制闸拦冰索前临水流界弗劳德数为 0.06,那么不同节制闸前控制水位下,各个渠池的结冰期输水能力如表 4-5 所示,各渠池的实际输水能力如表 4-6 所示。

表4-3 各个渠池结冰期输水能力(临界 F_r 取 0.08,立封模式)

节制闸名称	桩号	设计水位条件			中间水位条件			加大水位条件		
		闸前水深/m	闸前临界流速/(m/s)	闸门上游渠池输水能力/(m³/s)	闸前水深/m	闸前临界流速/(m/s)	闸门上游渠池输水能力/(m³/s)	闸前水深/m	闸前临界流速/(m/s)	闸门上游渠池输水能力/(m³/s)
安阳河节制闸	716+995	6.796	0.653	135.74	6.986	0.662	143.24	7.176	0.671	150.96
穿漳河节制闸	731+453	6.680	0.648	131.09	6.870	0.657	138.45	7.060	0.666	146.02
忙牛河南支节制闸	761+114	5.999	0.614	132.32	6.174	0.623	139.97	6.349	0.631	147.87
沁河节制闸	782+546	5.698	0.598	118.93	5.858	0.606	125.11	6.018	0.615	131.45
洺河节制闸	808+513	6.005	0.614	136.37	6.190	0.623	144.16	6.375	0.633	152.17
南沙河节制闸	829+669	5.480	0.587	111.38	5.640	0.595	117.63	5.800	0.603	124.06
七里河节制闸	835+236	5.533	0.589	111.55	5.693	0.598	117.92	5.853	0.606	124.49
白马河节制闸	850+422	5.653	0.596	107.03	5.823	0.605	113.09	5.993	0.613	119.33
李阳河节制闸	868+487	5.715	0.599	114.37	5.905	0.609	121.48	6.095	0.619	128.83
午河节制闸	899+307	5.998	0.614	126.74	6.198	0.624	134.69	6.398	0.634	142.88
槐河(一)节制闸	920+760	5.613	0.594	122.94	5.793	0.603	130.63	5.973	0.612	138.58
汶河节制闸	949+689	5.834	0.605	131.23	6.024	0.615	139.46	6.214	0.625	147.96
古运河节制闸	970+443	5.997	0.614	106.69	6.222	0.625	114.93	6.447	0.636	123.53
滹沱河节制闸	980+263	5.129	0.567	73.56	5.324	0.578	79.60	5.519	0.589	85.93
磁河节制闸	1 002+254	4.751	0.546	86.61	4.956	0.558	93.69	5.161	0.569	101.07

续表 4-3

节制闸名称	桩号	设计水位条件			中间水位条件			加大水位条件		
		闸前水深/m	闸前临界流速/(m/s)	闸门上游渠池输水能力/(m³/s)	闸前水深/m	闸前临界流速/(m/s)	闸门上游渠池输水能力/(m³/s)	闸前水深/m	闸前临界流速/(m/s)	闸门上游渠池输水能力/(m³/s)
沙河(北)节制闸	1 017+430	4.210	0.514	69.43	4.425	0.527	76.07	4.640	0.540	83.03
漠道沟节制闸	1 036+983	4.832	0.551	76.06	5.067	0.564	83.36	5.302	0.577	91.02
唐河节制闸	1 046+216	4.492	0.531	67.35	4.732	0.545	74.67	4.972	0.559	82.41
放水河节制闸	1 071+911	4.503	0.532	78.43	4.773	0.547	87.35	5.043	0.563	96.78
蒲阳河节制闸	1 085+119	4.376	0.524	74.41	4.671	0.542	83.92	4.966	0.558	94.04
岗头隧洞节制闸	1 112+202	4.502	0.532	63.52	4.762	0.547	69.10	5.022	0.562	74.84
西黑山节制闸	1 121+955	4.497	0.531	63.90	4.757	0.547	71.21	5.017	0.561	78.96
瀑河节制闸	1 136+845	4.202	0.514	37.44	4.357	0.523	40.24	4.512	0.532	43.15
北易水节制闸	1 157+690	4.191	0.513	38.65	4.316	0.521	41.09	4.441	0.528	43.62
坟庄河节制闸	1 172+373	4.212	0.514	37.97	4.302	0.520	39.70	4.392	0.525	41.47
北拒马河节制闸	1 197+773	3.800	0.488	30.63	3.850	0.492	31.47	3.900	0.495	32.32

注:各渠池按照其末端节制闸的名称来命名,以下表格同。

表4-4　南水北调中线工程各渠池冰期输水能力（临界 F_r 取 0.08）

节制闸名称	桩号	设计水位条件			中间水位条件			加大水位条件		
		闸前水深/m	闸前 F_r	闸门上游渠池输水能力/(m³/s)	闸前水深/m	闸前 F_r	闸门上游渠池输水能力/(m³/s)	闸前水深/m	闸前 F_r	闸门上游渠池输水能力/(m³/s)
安阳河节制闸	716+995	6.796	0.08	135.74	6.986	0.08	143.24	7.176	0.08	150.96
穿漳河节制闸	731+453	6.680	0.08	131.09	6.870	0.08	138.45	7.060	0.08	146.02
牤牛河南支节制闸	761+114	5.999	0.08	131.09	6.174	0.08	138.45	6.349	0.08	146.02
沁河节制闸	782+546	5.698	0.08	118.93	5.858	0.08	125.11	6.018	0.08	131.45
洺河节制闸	808+513	6.005	0.07	118.93	6.190	0.07	125.11	6.375	0.07	131.45
南沙河节制闸	829+669	5.480	0.08	111.38	5.640	0.08	117.63	5.800	0.08	124.06
七里河节制闸	835+236	5.533	0.08	111.38	5.693	0.08	117.63	5.853	0.08	124.06
白马河节制闸	850+422	5.653	0.08	107.03	5.823	0.08	113.09	5.993	0.08	119.33
李阳河节制闸	868+487	5.715	0.07	107.03	5.905	0.07	113.09	6.095	0.07	119.33
午河节制闸	899+307	5.998	0.07	107.03	6.198	0.07	113.09	6.398	0.07	119.33
槐河（一）节制闸	920+760	5.613	0.07	107.03	5.793	0.07	113.09	5.973	0.07	119.33
泲河节制闸	949+689	5.834	0.07	107.03	6.024	0.06	113.09	6.214	0.06	119.33
古运河节制闸	970+443	5.997	0.08	106.69	6.222	0.08	113.09	6.447	0.08	119.33
滹沱河节制闸	980+263	5.129	0.08	73.56	5.324	0.08	79.60	5.519	0.08	85.93
磁河节制闸	1 002+254	4.751	0.07	73.56	4.956	0.07	79.60	5.161	0.07	85.93

续表 4-4

节制闸名称	桩号	设计水位条件			中间水位条件			加大水位条件		
		闸前水深/m	闸前 Fr	闸门上游渠池输水能力/(m^3/s)	闸前水深/m	闸前 Fr	闸门上游渠池输水能力/(m^3/s)	闸前水深/m	闸前 Fr	闸门上游渠池输水能力/(m^3/s)
沙河（北）节制闸	1 017+430	4.210	0.08	69.43	4.425	0.08	76.07	4.640	0.08	83.03
漠道沟节制闸	1 036+983	4.832	0.07	69.43	5.067	0.07	76.07	5.302	0.07	83.03
唐河节制闸	1 046+216	4.492	0.08	67.35	4.732	0.08	74.67	4.972	0.08	82.41
放水河节制闸	1 071+911	4.503	0.07	67.35	4.773	0.07	74.67	5.043	0.07	82.41
蒲阳河节制闸	1 085+119	4.376	0.07	67.35	4.671	0.07	74.67	4.966	0.07	82.41
岗头隧洞节制闸	1 112+202	4.502	0.08	63.52	4.762	0.08	69.10	5.022	0.08	74.84
西黑山节制闸	1 121+955	4.497	0.08	63.52	4.757	0.08	69.10	5.017	0.08	74.84
瀑河节制闸	1 136+845	4.202	0.08	37.44	4.357	0.08	40.24	4.512	0.08	43.15
北易水节制闸	1 157+690	4.191	0.08	37.44	4.316	0.08	40.24	4.441	0.08	43.15
坟庄河节制闸	1 172+373	4.212	0.08	37.44	4.302	0.08	39.70	4.392	0.08	41.47
北拒马河节制闸	1 197+773	3.800	0.08	30.63	3.850	0.08	31.47	3.900	0.08	32.32

表 4-5 各个渠池结冰期输水能力(临界 F_r 取 0.06,平封模式)

节制闸名称	桩号	设计水位条件			中间水位条件			加大水位条件		
		闸前水深/m	闸前临界流速/(m/s)	闸门上游渠池输水能力/(m³/s)	闸前水深/m	闸前临界流速/(m/s)	闸门上游渠池输水能力/(m³/s)	闸前水深/m	闸前临界流速/(m/s)	闸门上游渠池输水能力/(m³/s)
安阳河节制闸	716+995	6.796	0.490	101.80	6.986	0.497	107.43	7.176	0.503	113.22
穿漳河节制闸	731+453	6.680	0.486	98.32	6.870	0.493	103.83	7.060	0.499	109.51
忙牛河南支节制闸	761+114	5.999	0.460	99.24	6.174	0.467	104.98	6.349	0.474	110.90
沁河节制闸	782+546	5.698	0.449	89.20	5.858	0.455	93.83	6.018	0.461	98.59
洺河节制闸	808+513	6.005	0.461	102.28	6.190	0.468	108.12	6.375	0.474	114.13
南沙河节制闸	829+669	5.480	0.440	83.54	5.640	0.446	88.22	5.800	0.453	93.05
七里河节制闸	835+236	5.533	0.442	83.66	5.693	0.448	88.44	5.853	0.455	93.37
白马河节制闸	850+422	5.653	0.447	80.27	5.823	0.453	84.82	5.993	0.460	89.50
李阳河节制闸	868+487	5.715	0.449	85.77	5.905	0.457	91.11	6.095	0.464	96.62
午河节制闸	899+307	5.998	0.460	95.06	6.198	0.468	101.01	6.398	0.475	107.16
槐河(一)节制闸	920+760	5.613	0.445	92.20	5.793	0.452	97.97	5.973	0.459	103.93
泜河节制闸	949+689	5.834	0.454	98.42	6.024	0.461	104.60	6.214	0.468	110.97
古运河节制闸	970+443	5.997	0.460	80.02	6.222	0.469	86.20	6.447	0.477	92.65
滹沱河节制闸	980+263	5.129	0.426	55.17	5.324	0.434	59.70	5.519	0.441	64.45
磁河节制闸	1 002+254	4.751	0.410	64.96	4.956	0.418	70.27	5.161	0.427	75.80

续表 4-5

节制闸名称	桩号	设计水位条件			中间水位条件			加大水位条件		
		闸前水深/m	闸前临界流速/(m/s)	闸门上游渠池输水能力/(m³/s)	闸前水深/m	闸前临界流速/(m/s)	闸门上游渠池输水能力/(m³/s)	闸前水深/m	闸前临界流速/(m/s)	闸门上游渠池输水能力/(m³/s)
沙河（北）节制闸	1 017+430	4.210	0.386	52.08	4.425	0.395	57.05	4.640	0.405	62.27
漠道沟节制闸	1 036+983	4.832	0.413	57.05	5.067	0.423	62.52	5.302	0.433	68.27
唐河节制闸	1 046+216	4.492	0.398	50.52	4.732	0.409	56.00	4.972	0.419	61.81
放水河节制闸	1 071+911	4.503	0.399	58.82	4.773	0.411	65.52	5.043	0.422	72.59
蒲阳河节制闸	1 085+119	4.376	0.393	55.81	4.671	0.406	62.94	4.966	0.419	70.53
岗头隧洞节制闸	1 112+202	4.502	0.399	47.64	4.762	0.410	51.83	5.022	0.421	56.13
西黑山节制闸	1 121+955	4.497	0.399	47.93	4.757	0.410	53.41	5.017	0.421	59.22
瀑河节制闸	1 136+845	4.202	0.385	28.08	4.357	0.392	30.18	4.512	0.399	32.36
北易水节制闸	1 157+690	4.191	0.385	28.99	4.316	0.390	30.82	4.441	0.396	32.72
坟庄河节制闸	1 172+373	4.212	0.386	28.48	4.302	0.390	29.77	4.392	0.394	31.10
北拒马河节制闸	1 197+773	3.800	0.366	22.97	3.850	0.369	23.60	3.900	0.371	24.24

表4-6 南水北调中线工程各渠池冰期输水能力(临界 F_r 取 0.06)

节制闸名称	桩号	设计水位条件			中间水位条件			加大水位条件		
		闸前水深/m	闸前 F_r	闸门上游渠池输水能力/(m^3/s)	闸前水深/m	闸前 F_r	闸门上游渠池输水能力/(m^3/s)	闸前水深/m	闸前 F_r	闸门上游渠池输水能力/(m^3/s)
安阳河节制闸	716+995	6.796	0.06	101.80	6.986	0.06	107.43	7.176	0.06	113.22
穿漳河节制闸	731+453	6.680	0.06	98.32	6.870	0.06	103.83	7.060	0.06	109.51
牤牛河南支节制闸	761+114	5.999	0.06	98.32	6.174	0.06	103.83	6.349	0.06	109.51
沁河节制闸	782+546	5.698	0.06	89.20	5.858	0.06	93.83	6.018	0.06	98.59
洺河节制闸	808+513	6.005	0.05	89.20	6.190	0.05	93.83	6.375	0.05	98.59
南沙河节制闸	829+669	5.480	0.06	83.54	5.640	0.06	88.22	5.800	0.06	93.05
七里河节制闸	835+236	5.533	0.06	83.54	5.693	0.06	88.22	5.853	0.06	93.05
白马河节制闸	850+422	5.653	0.06	80.27	5.823	0.06	84.82	5.993	0.06	89.50
李阳河节制闸	868+487	5.715	0.06	80.27	5.905	0.06	84.82	6.095	0.06	89.50
午河节制闸	899+307	5.998	0.05	80.27	6.198	0.05	84.82	6.398	0.05	89.50
槐河(一)节制闸	920+760	5.613	0.05	80.27	5.793	0.05	84.82	5.973	0.05	89.50
泜河节制闸	949+689	5.834	0.05	80.27	6.024	0.05	84.82	6.214	0.05	89.50
古运河节制闸	970+443	5.997	0.06	80.02	6.222	0.06	84.82	6.447	0.06	89.50
滹沱河节制闸	980+263	5.129	0.06	55.17	5.324	0.06	59.70	5.519	0.06	64.45
磁河节制闸	1 002+254	4.751	0.05	55.17	4.956	0.05	59.70	5.161	0.05	64.45

续表 4-6

节制闸名称	桩号	设计水位条件			中间水位条件			加大水位条件		
		闸前水深/m	闸前 Fr	闸门上游渠池输水能力/(m³/s)	闸前水深/m	闸前 Fr	闸门上游渠池输水能力/(m³/s)	闸前水深/m	闸前 Fr	闸门上游渠池输水能力/(m³/s)
沙河(北)节制闸	1 017+430	4.210	0.06	52.08	4.425	0.06	57.05	4.640	0.06	62.27
漠道沟节制闸	1 036+983	4.832	0.05	52.08	5.067	0.05	57.05	5.302	0.05	62.27
唐河节制闸	1 046+216	4.492	0.06	50.52	4.732	0.06	56.00	4.972	0.06	61.81
放水河节制闸	1 071+911	4.503	0.05	50.52	4.773	0.05	56.00	5.043	0.05	61.81
蒲阳河节制闸	1 085+119	4.376	0.05	50.52	4.671	0.05	56.00	4.966	0.05	61.81
岗头隧洞节制闸	1 112+202	4.502	0.06	47.64	4.762	0.06	51.83	5.022	0.06	56.13
西黑山节制闸	1 121+955	4.497	0.06	47.64	4.757	0.06	51.83	5.017	0.06	56.13
瀑河节制闸	1 136+845	4.202	0.06	28.08	4.357	0.06	30.18	4.512	0.06	32.36
北易水节制闸	1 157+690	4.191	0.06	28.08	4.316	0.06	30.18	4.441	0.06	32.36
坟庄河节制闸	1 172+373	4.212	0.06	28.08	4.302	0.06	29.77	4.392	0.06	31.10
北拒马河节制闸	1 197+773	3.800	0.06	22.97	3.850	0.06	23.60	3.900	0.06	24.24

4.1.2.4　理想状态下沿线输水方案

2016—2017 年冬季,中线干渠主要需满足北京和天津的供水需求。本节在理想状态,即保证拦冰索能有效拦截流冰,实现冰期安全输水的前提下,在沿线不分水以及考虑北京和天津最大供水需求的情况下,对沿线各渠池的输水能力进行分析。

表 4-7 为临界弗劳德数 0.08 条件下,沿线不分水以及保证京津最大取水流量时的各渠池冰期输水能力分析。在节制闸前控制水位分别为设计水位、中间水位和加大水位的条件下,北京最大输水流量分别为 30.63 m^3/s、31.47 m^3/s 和 32.32 m^3/s;天津分水口(西黑山分水闸)的最大输水流量分别为 32.90 m^3/s、37.63 m^3/s 和 42.51 m^3/s;安阳河节制闸的过闸流量分别为 63.52 m^3/s、69.10 m^3/s 和 74.84 m^3/s。从节制闸前的水流弗劳德数来看,滹沱河节制闸及其下游各节制闸前水流弗劳德数均大于或接近 0.060,特别是沙河北节制闸、唐河节制闸、岗头隧洞节制闸、西黑山节制闸和北拒马河节制闸的闸前水流弗劳德数较大,在 0.072~0.080,其拦冰索前冰盖生成模式均为立封,在冰期输水期间需要重点关注这些节制闸拦冰索前的冰情发展情况。其余渠池的节制闸前水流弗劳德数均低于 0.060,冰盖发展模式为平封,与表 4-3 各渠池按临界弗劳德数 0.08 控制下的冰期输水能力相比,其输水流量均有一定的安全余幅。

表 4-7　保证京津最大取水流量的冰期输水方案(临界 Fr 取 0.08)

名称	桩号	设计水位条件		中间水位条件		加大水位条件	
		渠池流量/(m^3/s)	闸前 Fr	渠池流量/(m^3/s)	闸前 Fr	渠池流量/(m^3/s)	闸前 Fr
安阳河节制闸	716+995	63.52	0.037	69.10	0.039	74.84	0.040
穿漳河节制闸	731+453	63.52	0.039	69.10	0.040	74.84	0.041
牤牛河南支节制闸	761+114	63.52	0.038	69.10	0.039	74.84	0.040
沁河节制闸	782+546	63.52	0.043	69.10	0.044	74.84	0.046
洺河节制闸	808+513	63.52	0.037	69.10	0.038	74.84	0.039
南沙河节制闸	829+669	63.52	0.046	69.10	0.047	74.84	0.048
七里河节制闸	835+236	63.52	0.046	69.10	0.047	74.84	0.048
白马河节制闸	850+422	63.52	0.047	69.10	0.049	74.84	0.050
李阳河节制闸	868+487	63.52	0.044	69.10	0.046	74.84	0.046
午河节制闸	899+307	63.52	0.040	69.10	0.041	74.84	0.042
槐河(一)节制闸	920+760	63.52	0.041	69.10	0.042	74.84	0.043
泜河节制闸	949+689	63.52	0.039	69.10	0.040	74.84	0.040
古运河节制闸	970+443	63.52	0.048	69.10	0.048	74.84	0.048
滹沱河节制闸	980+263	63.52	0.069	69.10	0.069	74.84	0.070

续表 4-7

名称	桩号	设计水位条件		中间水位条件		加大水位条件	
		渠池流量/ (m³/s)	闸前 *Fr*	渠池流量/ (m³/s)	闸前 *Fr*	渠池流量/ (m³/s)	闸前 *Fr*
磁河节制闸	1 002+254	63.52	0.059	69.10	0.059	74.84	0.059
沙河(北)节制闸	1 017+430	63.52	0.073	69.10	0.073	74.84	0.072
漠道沟节制闸	1 036+983	63.52	0.067	69.10	0.066	74.84	0.066
唐河节制闸	1 046+216	63.52	0.075	69.10	0.074	74.84	0.073
放水河节制闸	1 071+911	63.52	0.065	69.10	0.063	74.84	0.062
蒲阳河节制闸	1 085+119	63.52	0.068	69.10	0.066	74.84	0.064
岗头隧洞节制闸	1 112+202	63.52	0.080	69.10	0.080	74.84	0.080
西黑山节制闸	1 121+955	63.52	0.080	69.10	0.078	74.84	0.076
瀑河节制闸	1 136+845	30.63	0.065	31.47	0.063	32.32	0.060
北易水节制闸	1 157+690	30.63	0.063	31.47	0.061	32.32	0.059
坟庄河节制闸	1 172+373	30.63	0.065	31.47	0.063	32.32	0.062
北拒马河节制闸	1 197+773	30.63	0.080	31.47	0.080	32.32	0.080
北京最大输水流量/(m³/s)		30.63		31.47		32.32	
天津最大输水流量/(m³/s)		32.90		37.63		42.51	

假设安阳河以北各渠池在冬季均能全线生成冰盖,初始冰盖糙率取 0.020,采用式(4-8)和式(4-9)对各渠池的水位壅高进行校核。在节制闸前控制水位为设计值,安阳河节制闸输水流量 63.90 m³/s 的条件下,各渠池首端在全线结成冰盖时的水位仍较设计水位值低 0.049 m(岗头隧洞节制闸下游)~1.399 m(洺河节制闸下游)。在该输水条件下,冰期各渠池的最大水面线低于设计水面线。

4.2　中线工程冰情预测模型研究

4.2.1　冰情影响因素分析

渠道冰情的生消演变受热力因素、动力因素、渠道特征和运行调度等因素影响,各因素相互联系、相互制约。热力因素主要考虑太阳辐射强度、气温、水温、降雨、降雪等;影响冰情发展的动力因素包括流量、流速、水位等;渠道条件包括渠道的地理位置、渠水流向、河床组成、河床平均纵坡比降等因素;渠道运行调度为人类活动,主要表现在调水水源、各分水口流量、调度方案制订、渠道运行方式等,是影响冰情发生、发展和防治冰情灾害的重要因素。

4.2.1.1　水温参数及其影响

水温是影响冰情发展的重要热力因素,成冰的必要条件是水体的过冷却,冬季渠水温度在 4 ℃以上时,其表面由于受冷密度上升,水体产生对流掺混使得水温逐渐降低直到整体温度达到 4 ℃;随着气温持续下降,水温也将局部低于 4 ℃,从而表层水体产生反膨胀现象导致密度降低,于是渠水表面水温持续下降直到成冰情形。水温也是影响冰盖热力增长结果的主要因素,水温持续在 0 ℃时,同等水动力条件下,冰厚变化与断面平均水温相关。

水温变化取决于水体与周界环境的热交换,主要包括水与大气的热交换、水与河床的热交换,以及结成冰盖后水与冰盖的热交换、冰盖与大气的热交换。由于水与河床的热交换较小,因此水与大气的热交换起主导作用。当气温低于水温时,水面向大气散热,直至水温达到 0 ℃。

$$t = \frac{sbl}{qc\rho} \leqslant 0 \tag{4-10}$$

式中:t 为水温,℃;s 为水面进入大气的热通量,W/m²;b 为水面宽,m;l 为水体长,m;q 为流量,m³/s;c 为比热,J/(kg·K);ρ 为水的密度,kg/m³。

对静水来说,这种热交换主要发生在水体的表层,因为水在 4 ℃时密度最大,当表层水失热水温降到 4 ℃时,下层水密度小,上层水密度大,形成上下层对流。当表层水失热水温降到 0 ℃时,下层密度大,上层密度小,对流停止。因此,对于静止的水而言,过冷却只能发生在表层附近,但是流动的水具有湍流和紊流现象,能加速水内热量的混合作用。流动水更加有利于水-气热交换,所以在低温环境中,水流的结冰不仅在水表面发生,也在水体中产生冰花。

选取 2017—2018 和 2020—2021 两个年度,以北拒马河和岗头隧洞两站为例,说明日平均水温变化和冰情发展之间的关系,如图 4-3 所示。

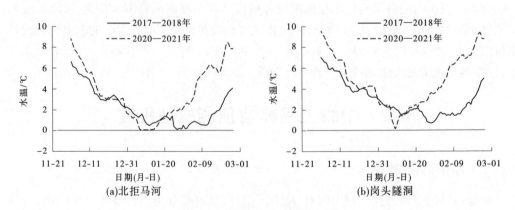

图 4-3　冬季水温时间过程曲线

从图 4-3 可以看出,两站 2017—2018 年度的日平均水温最低值都出现在 1 月 28 日左右,而 2020—2021 年度在 1 月 9 日左右就达到了最低水温。根据历史资料,北拒马河

2017 年 12 月 25 日初生岸冰,之后持续岸冰,2018 年 1 月 9—16 日主要冰情为流冰,1 月 23 日再次出现流冰,持续到 2 月 12 日,在此期间,1 月 28 日至 2 月 3 日冰情为冰盖,本年度冰情在 2 月 19 日完全消失;2020 年 12 月 14 日初生岸冰,1 月初伴随着年度最强降温,1 月 5 日出现流冰,1 月 7—16 日持续冰盖,冰情在 2 月 5 日完全消失。漕河渡槽 2018 年 1 月 10 日初生岸冰,冰期从 1 月 10 日持续到 2 月 13 日,其中 1 月 24 日至 2 月 1 日为流冰;2020 年 12 月 31 日初生岸冰,从 2020 年 12 月 31 日至 2021 年 1 月 19 日持续有冰,其中 2021 年 1 月 7 日出现流冰,1 月 8—10 日为冰盖,1 月 11 日冰盖消融只剩余岸冰。根据上述冰情发展历程以及水温过程曲线可以看出,水温是影响冰情的重要因素,当水温降低时间提前时,冰的形成也随之提前,同时不同类型的冰情分别有其对应的水温区间。

4.2.1.2　气温参数及其影响

气温的高低反映了大气的冷热程度。负温度直接影响水体失热总量,因此气温与清沟面积、冰厚的变化均具有较好的相关性。融冰主要是气温上升至 0 ℃ 以上才加速进行,解冻开河时,气温的升高或降低,不仅影响开河速度,同时也能改变开河的形势,对动力作用有着明显的制约。寒潮入侵时,常伴有大风降温天气,对渠道的冰情也有着明显的影响。大气与渠水的热交换,也影响着水温的变化,各热力因素之间相互影响。一般来说,气温对水温、冰情均产生影响,伴随着降温过程,水温也出现了下降,但随着气温的回升,水温也升高。对于南水北调中线渠道,气温持续转负,水体获得的热量小于其失去的热量,水温开始持续下降,渠道水面开始出现冰花,随着冰花浓度变大,冰花上浮至渠道表面,并由拦冰索处开始堆积向上发展形成冰盖。随着冰盖的形成,水体与外界隔绝,不能与空气进行热交换,水温保持稳定,直到春季气温逐渐回升,冰盖获得的热量大于其失去的热量,冰盖厚度开始减小,水温也随着气温的回升而回升。观测期内各测站气温及水温变化过程如图 4-4 所示。

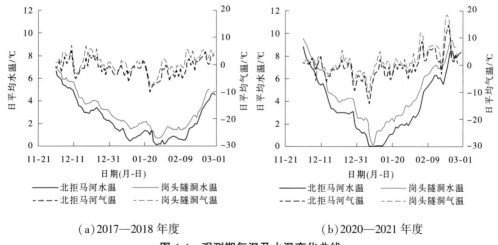

（a）2017—2018 年度　　　　　　　　　（b）2020—2021 年度

图 4-4　观测期气温及水温变化曲线

由图 4-4 可知,水温会受到气温变化影响,气温下降后各测站的水温开始降低,水温整体随气温变化,有一定的延时性。气温变化频繁,变化幅度大,水温变化趋势较气温平缓,不同测站水温变化趋势相似,同一时间北拒马河的水温低于岗头隧洞。从图 4-4 中可清楚地看出：①气温变化频率和幅度比水温显著；②水温变化滞后于气温变化。

　　气温、水温与冰情有着紧密的联系。随着冬季气温持续降低至 0 ℃ 以下，渠道初生岸冰；而后负积温积累，水温继续降低，岸冰发展；当平均水温降到 1.0 ℃ 以下，渠道开始形成表面流冰，进入流冰期。封冻期的水温由 0.5 ℃ 降低到 0℃ 左右，待渠道稳封后，冰盖厚度增加，热交换减小，热量达到动态平衡，此时水温波动小，比较稳定。暖冬气候条件下，由于气温较高，负积温较小，不能形成较大规模的冰情，如 2016—2017 年度和 2019—2020 年度的北拒马河站。

　　气象预报是冰期预报工作的关键，因为冰情发展过程自始至终受到气象条件的制约，而它又是冰情预报的依据。冰期气象预报的主要内容有：冬季各月、旬平均气温，以及冷空气活动的时间、轨迹和强度等。气象预报分短期、中期和长期 3 种。一般来说，预测未来 3 d 之内的天气变化称为短期预报，10 d 左右的称为中期预报，1 个月或 1 个季度以上的称为长期预报。一般长期预报是制订防凌方案的依据，中期和短期预报是实施防冰措施的依据。

　　气温对水温的影响是持续的，但水温对气温的感应通常是延时的，要通过一段时间的热交换才能实现水温的变化。南水北调的渠水自南向北流动，越靠南的测站单位水体的含热量越大，当降温到来时（各测站几乎同时），南部测站水体降温速度慢，北部测站水体降温速度快。

4.2.1.3　累积气温、负积温及其影响

　　如前文所述，负积温一直是表示冬季寒冷程度和评价冰冻灾害的重要指标。近年来，许多学者在冰情观测成果分析和构建冰情预测模型的过程中，广泛应用负积温概念。负积温是一段时间内低于 0 ℃ 的日平均气温之和。

　　进一步探究负积温、累积气温与水温的关系，为了方便作图对比，对北拒马河站气温进行处理。分别计算负积温、21 d 累积气温、21 d 负积温、15 d 累积气温、15 d 负积温、7 d 累积气温、7 d 负积温、3 d 累积气温以及 3 d 负积温，统计这 9 个因素与日平均水温的相关系数，结果如表 4-8 所示。

表 4-8　北拒马河站累积气温、负积温与水温相关系数

阶段性气温	负积温	21 d 累积气温	21 d 负积温	15 d 累积气温	15 d 负积温	7 d 累积气温	7 d 负积温	3 d 累积气温	3 d 负积温
2015—2016 年度	0.87	0.88	0.92	0.76	0.82	0.52	0.63	0.37	0.48
2016—2017 年度	0.55	0.84	0.91	0.81	0.83	0.72	0.65	0.63	0.52
2017—2018 年度	0.55	0.79	0.83	0.83	0.85	0.77	0.76	0.65	0.61
2018—2019 年度	0.43	0.83	0.90	0.81	0.84	0.68	0.65	0.53	0.48
2020—2021 年度	0.11	0.89	0.88	0.89	0.87	0.84	0.76	0.72	0.64

　　由表 4-8 可以看出，21 d 累积气温、21 d 负积温、15 d 累积气温、15 d 负积温与日平均

水温都具有良好的相关性,相关系数达到了 0.75 以上。其中,21 d 负积温相关系数最高,说明 21 d 负积温与日平均水温有着较强的相关性,结果如图 4-5 所示。

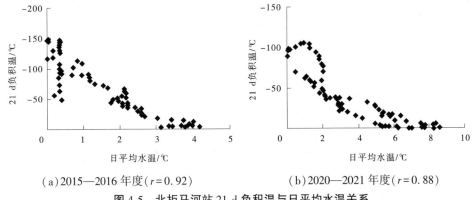

(a)2015—2016 年度(r=0.92)　　　　　　(b)2020—2021 年度(r=0.88)

图 4-5　北拒马河站 21 d 负积温与日平均水温关系

从图 4-5 中可以看到两者的关系,随着气象、水力、热力条件不同,气温与水温在每年都有着不同的变化。例如 2015—2016 年度 21 d 负积温最低-150 ℃,但 2020—2021 年度在-100 ℃附近,同时 2015—2016 年度最高日平均水温为 4 ℃左右,而 2020—2021 年度接近 8.5 ℃。虽然水温和气温在不同年份并不相似,但每一年的相关性却十分良好,说明 21 d 负积温在某种程度上与日平均水温的变化趋势较为相似。

如图 4-6 所示,可以直观地看到两者之间的对比,21 d 负积温与日平均气温在升降趋势上基本吻合,温度转折点基本相对应。结合前面的分析,21 d 负积温与日平均气温有良好的相关性。在某种程度上,21 d 负积温可以给日平均气温的升降趋势提供一定的参考。

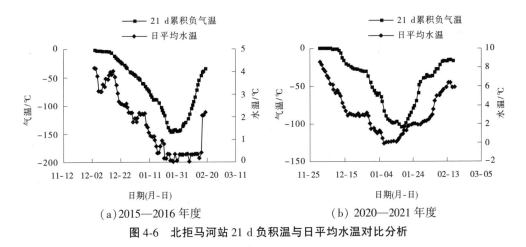

(a)2015—2016 年度　　　　　　　　(b) 2020—2021 年度

图 4-6　北拒马河站 21 d 负积温与日平均水温对比分析

上述各类气温参数在研究气温对水温及冰情的影响时具有较好的通用性,根据前文对阶段负积温的统计,其在各年的累积情况与当年冰情存在一定联系,故进一步分析其积累过程与冰情发展之间的关系。

北拒马河站 2017—2018 年度和 2020—2021 年度冬季阶段负积温与冰情演化过程如

图 4-7 所示,负积温的变化速率大致表现为先上升后下降,伴随着阶段负积温的增长,渠道开始出现岸冰,初期变化速率对冰情类型基本无影响;随着阶段负积温的积累,当变化速率较大时,主要冰情类型通常会从岸冰转变为流冰,甚至出现冰盖,但是通常进入封冻期时,负积温的变化速率已经达到年度顶点或开始下降,阶段负积温增长缓慢;之后随着负积温变化速率的减小,冰情逐渐减轻;当阶段负积温归零时,渠道基本处于无冰状态。

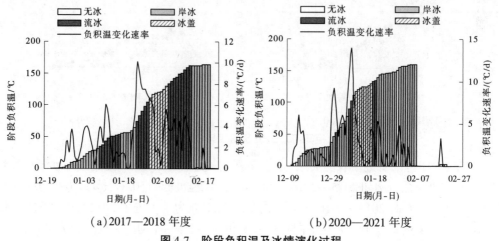

(a)2017—2018 年度　　　　(b)2020—2021 年度

图 4-7　阶段负积温及冰情演化过程

4.2.1.4　水力参数及其影响

水动力因素方面包括流量、水位、流速等。水流动力作用主要表现在水流速度的大小和水位涨落的机械作用力上。水流速度大小直接影响着成冰条件、流冰输移等。在渠道系统内水位与流速的变化又常取决于流量的多少,在过水断面较为规整的情况下,水位、流速与流量具有函数关系。当流量大时,水位高,流速也大。冰期渠道流量包括上游来水、区间蓄水量和消冰水量等几部分。流冰时由于部分水体转化成冰,流量逐段减少;而解冻开河期,渠道蓄水量的逐段释放,易形成洪峰向下游推进。在冬季冰期运行时段,全线渠道的流量没有发生剧烈变化,整体较为平稳,在输水流量不变的情况下,渠道水位主要受冰情影响,以北拒马河站为例,流量-流速及流量-水位过程曲线如图 4-8、图 4-9 所示。

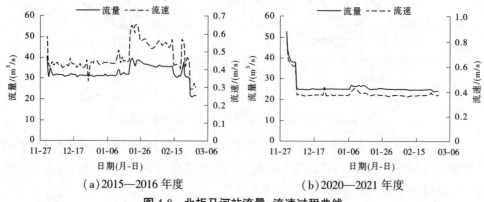

(a)2015—2016 年度　　　　(b)2020—2021 年度

图 4-8　北拒马河站流量-流速过程曲线

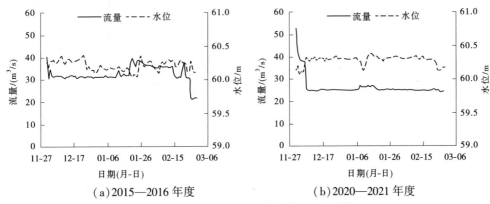

（a）2015—2016 年度　　　　　　　　（b）2020—2021 年度

图 4-9　北拒马河站流量-水位过程曲线

4.2.1.5　影响因素相关性分析

选取观测数据中气温、水温和流速等因素进行分析。结合当前气温预报周期主要有日预报、3 d 预报、周预报和 15 d 预报，其预报精度有所不同，因此加入累积气温、3 d 累积气温、7 d 累积气温、15 d 累积气温、累积负气温、3 d 负积温、7 d 负积温、15 d 负积温等影响因素进行综合分析。对各影响因素进行相关性分析（以北拒马河站为例），各因素间相关系数如表 4-9 所示。

表 4-9　北拒马河站冰情影响因素相关系数

影响因素	日平均水温	日平均气温	阶段负积温	累积气温	累积负气温	15 d 累积气温	15 d 负积温	7 d 累积气温	7 d 负积温	3 d 累积气温	3 d 负积温	日平均流量	日平均流速	日平均水深
编号	X1	X2	X3	X4	X5	X6	X7	X8	X9	X10	X11	X12	X13	X14
X1	1.00													
X2	0.52	1.00												
X3	−0.59	−0.41	1.00											
X4	0.54	0.16	−0.68	1.00										
X5	0.47	0.02	−0.57	0.95	1.00									
X6	0.78	0.63	−0.79	0.54	0.37	1.00								
X7	0.74	0.56	−0.82	0.62	0.51	0.94	1.00							
X8	0.71	0.75	−0.64	0.34	0.17	0.88	0.80	1.00						
X9	0.63	0.69	−0.65	0.41	0.30	0.81	0.85	0.93	1.00					
X10	0.61	0.90	−0.51	0.23	0.07	0.74	0.66	0.89	0.81	1.00				
X11	0.51	0.81	−0.50	0.28	0.18	0.66	0.69	0.82	0.88	0.90	1.00			
X12	0.09	−0.14	0.22	−0.24	−0.07	−0.23	−0.20	−0.20	−0.18	−0.17	−0.16	1.00		
X13	0.11	−0.14	0.24	−0.26	−0.10	−0.23	−0.22	−0.20	−0.20	−0.17	−0.17	0.97	1.00	
X14	−0.11	0.04	−0.11	0.06	0.07	0.08	0.15	0.10	0.20	0.07	0.17	−0.39	−0.45	1.00

通过影响因素间相关性分析可知,日平均水温变化和当日平均气温相关性不明显,而和局部累积气温有一定关联,北拒马河渠段日平均水温和15 d累积气温以及15 d负积温相关性较强,这也说明气温对水温的作用有一定延迟性和累积性,因此,阶段累积气温和负积温可以更好反映冬季的寒冷程度和寒潮降温过程对水温的影响。水温降至最低的时间北段早、南段晚,由于各测站气温变化过程有所区别,低水温持续时间也不一样,北段持续时间长,南段持续时间短,由北往南呈递减的趋势。因此,不同测站阶段累积温度的时长对水温变化的贡献不同,在构建水温和冰情预测模型时应考虑阶段累积气温、阶段负积温参数。其他因素如日平均流速、水深和其他气温因素之间相关性则很低,相对较独立。

对某一测站单年度观测期而言,传统负积温难以表达寒潮以后的升温过程。特别是南水北调中线沿线经过的华北地区,冬季的降温过程是由数次强度不等的寒潮组成,寒潮后气温回升对水温有显著影响。在固-液二相流问题中,冰、水相互转化即凝固、融化的物相变化过程,冰的生成即水温过冷直接产生的结果,当水温降低提前时,冰的形成也随之提前。因此,需要分析各因素对水温变化的贡献及敏感程度,构造水温变化敏感性分析公式如下:

$$X_1' = k \cdot X_2'^{\lambda_2} \cdot X_3'^{\lambda_3}, \cdots, X_n'^{\lambda_n} \tag{4-11}$$

式中:X_1' 为水温因素归一化结果;$X_2', X_3', \cdots, X_n'$ 为其他各影响因素归一化结果;k 为次要因素简化系数;λ 为对应因素的敏感指数。

其中,归一化过程按下式计算:

$$x' = \frac{(x - x_{min})}{2(x_{max} - x_{min})} + 0.25 \tag{4-12}$$

通过回归分析,各测站影响因素敏感指数如表4-10所示,敏感指数表现了水温对各影响因素变化程度的敏感性,敏感指数越大,水温对该因素变化越敏感。

表 4-10 水温敏感指数分析

序号	因素	编号	敏感指数 λ	序号	因素	编号	敏感指数 λ
1	日平均气温	X2	0.083 7	8	7 d负积温	X9	-0.557 9
2	阶段负积温	X3	0.204 8	9	3 d累积气温	X10	0.338 0
3	累积气温	X4	-0.605 9	10	3 d负积温	X11	-0.230 3
4	负积温	X5	1.008 0	11	日平均流量	X12	-0.028 7
5	15 d累积气温	X6	1.416 4	12	日平均流速	X13	0.410 7
6	15 d负积温	X7	-0.579 7	13	日平均水深	X14	-0.006 2
7	7 d累积气温	X8	1.002 0				

通过表4-10可知,水温变化普遍对中长期阶段累积温度变化敏感,需要对敏感性指标重点考虑。

4.2.2 水温预测模型

4.2.2.1 模型构建原理

通过冰情影响因素分析,水温是决定冰情的关键因素,其他各影响因素对水温、冰情的影响程度有所差异,首先对水温开展预测研究。

影响水温的因子包括气象因素(气温、太阳辐射强度、地温、风速、风向、气压、相对湿度)和水力条件(水温、流速、水深)等,这 10 个因子均对渠道水温的变化起着不同程度的作用。

冬季水温变化的直接原因是气象因素,气象变化的直接原因又是太阳辐射强度,由于地球的自转引起的白天、黑夜现象,使太阳辐射强度在数学意义上成了间断函数。在夜间,太阳辐射强度维持在非常低的水平(接近 0),但在此期间,气温和水温均有比较大的变化,与太阳辐射强度的相关性不高、规律性不强,这就导致预测模型不能考虑太阳辐射强度。

上节详细分析了冰情影响因素及各因素之间的相关性,分析结果表明,水温是冰情发生的重要指标,而气温则显著地影响水温的变化,由于水力参数与水温相关性不强,冬季冰期运行时较为稳定,预测模型暂不考虑。

在日常天气预报中,气温是常规的预报参数,如果采用气温对渠道水温建立预测模型是非常实用的,也可以间接地考虑太阳辐射强度和地温的影响。

负积温又是一个非常重要的气象因子,用来表示冬季寒冷的强度和持续程度。实践表明,其变化情况对水温和冰情影响巨大,其中当前最低水温是受负积温影响最为显著的物理量之一,为了在预测模型中充分考虑阶段负积温的作用,将实测最低水温引入模型。另外,在模型中采用最低气温和气温差(最高气温与最低气温之差)2 个参数,这 2 个参数一定程度上反映了寒冷的强度。

综合考虑气象因子对水温的影响及实践经验,以实测最低水温、最低气温以及气温差(最高气温与最低气温之差)为参数,建立迭代法水温预测模型:

$$T_{n+1}^w = aT_n^w + bt_{n+1,\min} + c\Delta t_{n+1} \tag{4-13}$$

式中:T_{n+1}^w 为第 $n+1$ 日的断面预测最低水温,℃;T_n^w 为第 n 日的断面实测最低水温,℃;$t_{n+1,\min}$ 为天气预报第 $n+1$ 日的最低气温,℃;Δt_{n+1} 为天气预报第 $n+1$ 日的最高气温与最低气温之差,℃;a、b、c 为无量纲系数,通过统计分析历史实测数据获得。

式(4-13)具有非常明确的物理意义,水温预测值受前日水温影响,实际上是考虑了近期低温的强度和历史变化状况,间接地反映了阶段负积温对水温的影响。另外,2 个参数最低气温和气温差也反映了预测日的气温变化和寒冷强度。

需要说明的是,上述模型所采用水温为每日实测平均水温的最低值。另外,该模型具有一定的局限性,当水深和流速出现较大变化时,模型会出现预测误差。鉴于南水北调中线渠道在冬季运行期间,正常情况下,某一渠段的水位和流速保持稳定,或者变幅不大,该模型在没有考虑水深和流速情况下,预测结果和精度能够满足实际运行要求。

由于水温随着环境温度的降低,其最小值为大于 0 ℃的某个数值,水温不可能为负值。但是本模型的预测结果没有这种限定机制,也就是说水温预测值在大幅降温或出现极寒天气时预测水温有可能出现负值,这种情况说明水温将迅速降低,也预示该渠段将要出现突发冰情。

综上所述,南水北调中线最低水温预测模型是根据第 n 日断面平均水温的最低值和天气预报信息来预报第 $n+1$ 日的最低水温。具有模型简单、物理意义明确、实用性强等特点。在冬季输水期,渠道水深和流速保持稳定的前提下,最低水温预测模型较为实用。

4.2.2.2　水温预测模型应用

各闸站的水温预测模型利用历史实测气温和水温数据进行参数拟合,再用 2020—2021 年度的数据进行预测验证。以北拒马河节制闸为例,对不同时间尺度的模型预测精度进行说明。

北拒马河站水温预测模型输入实测第 n 日水温、第 $n+1$ 日气温最低值和第 $n+1$ 日温差,输出第 $n+1$ 日水温,拟合结果如图 4-10 所示。

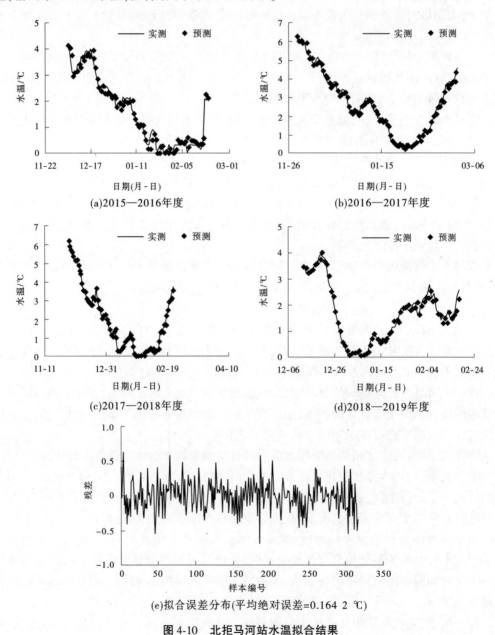

(a)2015—2016年度　　　　(b)2016—2017年度

(c)2017—2018年度　　　　(d)2018—2019年度

(e)拟合误差分布(平均绝对误差=0.164 2 ℃)

图 4-10　北拒马河站水温拟合结果

由图 4-10 水温拟合结果可知,采用该方法对水温进行拟合,平均绝对误差可以在 0.164 2 ℃。经过历史数据拟合可得到水温预测模型所需参数,根据实测资料对北拒马河站 2020—2021 年度的水温进行预测,模型的精度分析如下。

1. 第 2 日水温预测

通过对水温实测值和预测值进行回归分析,发现第 2 日水温实测值和预测值的相关系数高($R = 0.993\ 5$),回归效果显著。且对于每次实测水温的变化趋势(水温升高或降低),水温预测都能及时捕捉,采用该方法对第 2 日的水温进行预测平均误差在 0.212 4 ℃。北拒马河站 2020—2021 年度第 2 日水温预测结果如图 4-11 所示。

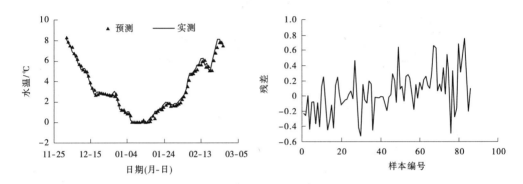

(a)水温实测值和预测值对比($R = 0.993\ 5$)　　　(b)预测误差分布(平均误差$= 0.212\ 4$ ℃)

图 4-11　北拒马河站 2020—2021 年度第 2 日水温预测

2. 第 3 日水温预测

通过对水温实测值和预测值进行回归分析,发现第 3 日水温实测值和预测值的相关系数高($R = 0.983\ 2$),回归效果显著。且对于每次实测水温的变化趋势(水温升高或降低),水温预测都能及时捕捉,采用该方法对第 3 日的水温进行预测平均误差在 0.347 6 ℃。北拒马河站 2020—2021 年度第 3 日水温预测结果如图 4-12 所示。

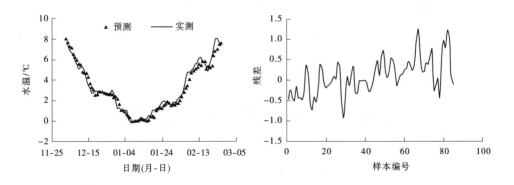

(a)水温实测值和预测值对比($R = 0.983\ 2$)　　　(b)预测误差分布(平均误差$= 0.347\ 6$ ℃)

图 4-12　北拒马河站 2020—2021 年度第 3 日水温预测

通过分析水温实测值与残差的散点图和分布图检验该模型的合理性(见图 4-13、

图4-14)。图4-13反映无论水温实测值的大小如何变化,残差均围绕$y=0$上下浮动;从残差分布图4-14可以直观地看出残差直方图中间高、两边低,满足正态分布。说明本预测模型能满足北拒马河站的水温预测假设条件,在预测第3日水温时取得较好的效果。

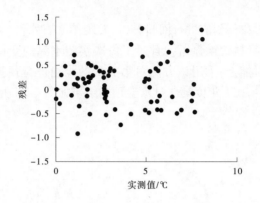

图4-13　第3日预测模型残差散点图

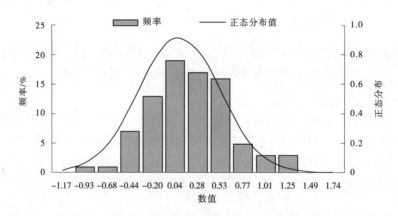

图4-14　第3日预测模型残差分布图

3. 第7日水温预测

通过对水温实测值和预测值进行回归分析,发现第7日水温实测值和预测值的相关系数较高($R=0.9294$),回归效果显著。且对于每次实测水温的变化趋势(水温升高或降低),水温预测基本能够捕捉,但是在升温阶段预测值较实测值整体偏低,采用该方法对第7日的水温进行预测,平均误差在0.6967 ℃。北拒马河站2020—2021年度第7日水温预测结果如图4-15所示。

通过分析水温实测值与残差的散点图和分布图检验该模型的合理性(见图4-16、图4-17)。图4-16反映无论水温实测值的大小如何变化,残差均围绕$y=0$上下浮动;从残差分布图4-17可以直观地看出残差直方图中间高、两边低,满足正态分布。说明本预测模型能满足北拒马河站的水温预测假设条件。

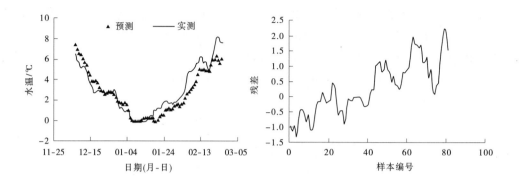

（a）水温实测值和预测值对比（$R=0.9294$）　　　　（b）预测误差分布（平均误差$=0.6967$ ℃）

图 4-15　北拒马河站 2020—2021 年度第 7 日水温预测

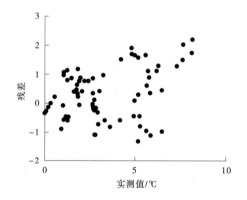

图 4-16　第 7 日预测模型残差散点图

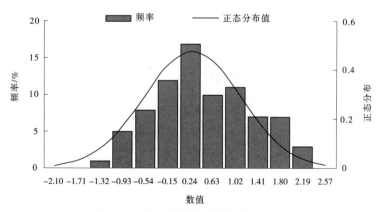

图 4-17　第 7 日预测模型残差分布图

4. 第 15 日水温预测

通过对水温实测值和预测值进行回归分析,发现第 15 日水温实测值和预测值的相关系数 $R=0.818\,6$,回归效果一般。对于观测水温整体的变化趋势(水温升高或降低),水温预测基本能够捕捉,但是在升温阶段预测值整体低于实测值,采用该方法对第 15 日的水温进行预测平均误差在 1.191\,4 ℃。北拒马河站 2020—2021 年度第 15 日水温预测结果如图 4-18 所示。

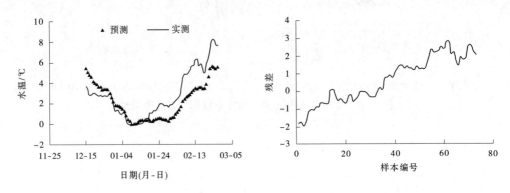

(a)水温实测值和预测值对比($R=0.818\,6$)　　(b)预测误差分布(平均误差 $=1.191\,4$ ℃)

图 4-18　北拒马河站 2020—2021 年度第 15 日水温预测

4.2.3　冰情预测模型

南水北调中线干线渠水从南向北流动,在冬季随着与空气、周边介质的热交换和蒸发作用,渠水温度呈现由南向北逐渐降低的规律,冰情的出现也通常呈现由南向北逐步增强的特点。

通过分析历年冬季气象、水力及冰情观测数据,对每个固定站点的水力因子和冰情变化规律有了深入了解,特别是对冰情发生和转换的临界点进行总结和探索,建立南水北调中线冬季输水期冰情预测模型。

据前文,中线冬季输水期的渠道水深和流速均较为稳定,水温和阶段负积温在冰情发生和发展中起到重要作用,例如,北拒马河站,当阶段负积温开始积累,水温在 3.5 ℃左右,渠道开始出现岸冰;随着阶段负积温的增长,水温下降至 1.5 ℃左右时,开始出现流冰;冰盖出现时水温一般低于 0.5 ℃,在 0.25 ℃附近,阶段负积温一般较流冰时期高。日平均水温和日最低水温变化规律一致,但日最低水温值与冰情发生的关系更为密切,因此冰情预测基本思路是根据当日水温和天气预报信息,对未来的断面平均水温最低值按照水温预测模型进行未来 15 d 内的水温预测,然后根据"预测水温"和"预测阶段负积温"对未来 15 d 内的冰情进行预测。根据前文对于水温及冰情的研究,每年冬季完整的冰凌三期通常只有一个,而且根据近几年的冬季运行经验,每年的开河方式通常为文开河,因此无论是从冰期输水安全的角度,还是从提高供水量的角度,对于动态调度来说,与冰期结束的节点相比,进入冰期运行的时间节点更为重要,因此该预测模型主要侧重对结冰期的各种冰情的预测。

沿线水温基本呈现从南到北逐渐降低的规律,但是中线渠道线路长,沿途地区气候条件复杂,根据前期对气温数据的研究,局地存在气温南低北高的情况,因此对于其他站点,同样总结历史典型冰情发生时对应的水温和阶段负积温条件,以此来确定预测模型划分冰区的临界值。

经过对研究地区主要闸站 2015—2020 年冬季阶段负积温、最低水温以及冰情的研究,典型指标临界值相近或同属一个研究地区、冰情发展轨迹相近的闸站采用相同的预测模型,最终确定本项目研究范围内的闸站,即安阳河倒虹吸以北共采用 3 个冰情预测模型。

4.2.3.1 冰情预测模型(一)

该模型适用的闸站有北拒马河暗渠、西黑山、岗头隧洞、蒲阳河、放水河、唐河,典型指标判别条件设置及结冰期运用结果见图 4-19、表 4-11。

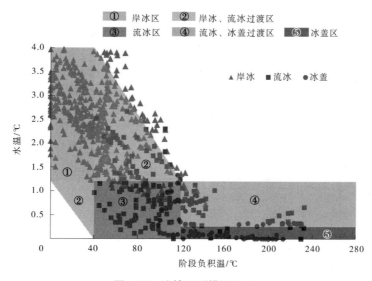

图 4-19 冰情预测模型(一)

表 4-11 冰情预测模型(一)数据

条件	冰情类型		
	岸冰	流冰	冰盖
断面最低水温/℃	4.0	1.2	0.25
阶段负积温/℃	0	40	120

4.2.3.2 冰情预测模型(二)

该模型适用的闸站有坟庄河、北易水、瀑河,典型指标判别条件设置及结冰期运用结果见图 4-20、表 4-12。

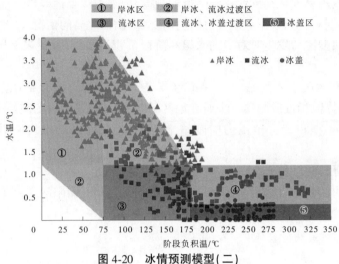

图 4-20　冰情预测模型(二)

表 4-12　冰情预测模型(二)数据

条件	冰情类型		
	岸冰	流冰	冰盖
断面最低水温/℃	4.0	1.2	0.35
阶段负积温/℃	0	75	180

4.2.3.3　冰情预测模型(三)

　　该模型适用的闸站有漠道沟、沙河(北)、磁河、滹沱河、古运河暗渠、浇河、槐河(一)、午河渡槽、李阳河、白马河、七里河、南沙河、洺河渡槽、沁河、牤牛河、漳河、安阳河,典型指标判别条件设置及结冰期运用结果见图 4-21、表 4-13。

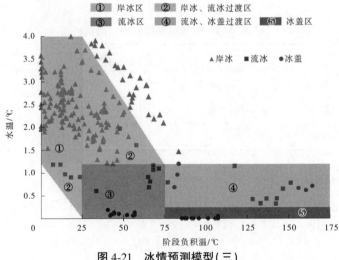

图 4-21　冰情预测模型(三)

表 4-13　冰情预测模型(三)数据

条件	冰情类型		
	岸冰	流冰	冰盖
断面最低水温/℃	4.0	1.2	0.25
阶段负积温/℃	0	25	75

冰情预测模型按照断面最低水温和阶段负积温临界值划分成 5 类冰区:①岸冰区;②岸冰、流冰过渡区;③流冰区;④流冰、冰盖过渡区;⑤冰盖区。预测的阶段负积温和断面最低水温同时控制落点,实现对预测日冰情的模糊判别,根据图 4-19~图 4-21,该模型预测冰情类型的准确率总体在 88%以上,基本能够定性地完成预测任务,取得满意的预测效果,对渠道运行、调度具有一定的指导意义和参考价值。

在冰情发生初期,最低水温较高,阶段负积温积累值低,渠道冰情以岸冰为主;随着水温的降低,阶段负积温的持续积累,渠道岸冰发展,逐渐出现流冰;阶段负积温继续积累,渠道便出现冰盖,进入封冻期。近几年沿线各地整体气候条件多为暖冬或平冬,岸冰和流冰是该渠段最为常见的冰情,冰盖持续时间并不长,与实际观测结果较一致。另外,在大多数年份,该模型对流冰首次出现以及流冰和冰盖落点所处区域的预测较为准确,这在掌握冬季渠道冰情发生的转折点以及预估关键冰情发展上能够起到重要作用。

冰情演变是一个非常复杂的变化过程,涉及影响因素众多,并不是 2 个参数就能够准确地预测某个渠段的冰情,同时表 4-11~表 4-13 中标注的临界值并不绝对,目前仅代表渠道大多数站点各典型冰情发生的模糊界限值。对于后续运用,还需要继续关注并总结各类冰情发生时典型指标的临界条件,深入研究冰情发生机制,及时调整各指标判别条件,确保各闸站的冰情预测模型的实用性。

4.3　基于动态调度的输水状态时空优化

本节充分利用历史数据和已有研究成果,将影响渠道冰情发展的重要参数进行量化,以冰情演化为依据,实现冰情对冬季冰期运行影响严重程度的单一值判别,参照历史冰期规律,划分冰期运行模式所对应的区间,建立一种动态调度模型,以实现从时间和空间两个维度上对冰期运行进行优化,在保障冰期输水安全基础上充分发挥渠道的输水能力。

冰情发展的影响因素众多,影响机制复杂。为量化冰情,提出中线冰期综合指数概念(见图 4-22),作为中线冬季冰期动态调度评判指标,以冰情演化为依据,量化冰情对渠道冬季运行影响的严重程度。由于中线输水流量及水位等较为稳定,同时考虑到各影响因素用于预测预报的可操作性,现根据数据资料基于水温、气温和冰情状况 3 类指标来计算中线冰期综合指数。本节构建了中线冰期综合指数评判体系,以模糊数学为主要工具对评判的实施方法进行具体研究,结合水温、气温和冰情状况实测信息,探讨了评判因素的确定、评判等级的划分、不同性质指标的隶属度计算方法以及权重计算方法,建立了符合实际情况的中线冰期综合指数综合评判方法。

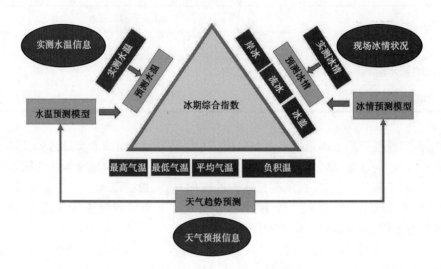

图 4-22　中线冰期综合指数概念

4.3.1　因子判别分析

依据实测数据先对气温、负积温、水温进行因子判别分析。在多元统计分析中,经常用到的距离有欧氏距离、闵氏距离和马氏距离等。但欧氏距离未将变量之间的相关性考虑在内,而马氏距离与原始数据的测量单位无关,将原数据作线性变换之后,马氏距离仍保持不变,故在本次判别分析中采用马氏距离,马氏距离判别法步骤如下。

记样本资料阵为:

$$\boldsymbol{X} = \begin{bmatrix} x_{11} & x_{12} & \cdots & x_{1p} \\ x_{21} & x_{22} & \cdots & x_{2p} \\ \vdots & \vdots & & \vdots \\ x_{n1} & x_{n2} & \cdots & x_{np} \end{bmatrix} \tag{4-14}$$

式中,x_{ik} 代表第 i 个样本的第 k 个指标值;$\boldsymbol{X}_{(t)} = (x_{i1}, x_{i2}, \cdots, x_{ip})^{\mathrm{T}}$ 表示第 i 个样本的 p 个指标观测值;$\boldsymbol{X}_k = (x_{1k}, x_{2k}, \cdots, x_{nk})^{\mathrm{T}}$ 表示第 k 个指标的 n 次观测值。

设样本 $\boldsymbol{X}_{(i)}$ 和 $\boldsymbol{X}_{(j)}$ 来自总体 $\boldsymbol{G}$,总体 $\boldsymbol{G}$ 均值 $\boldsymbol{\mu} = (\mu_1, \mu_2, \cdots, \mu_m)^{\mathrm{T}}$,协方差矩阵为:

$$\sum = E\left[(\boldsymbol{X} - \boldsymbol{\mu})(\boldsymbol{X} - \boldsymbol{\mu})^{\mathrm{T}} \right] \tag{4-15}$$

则他们之间的马氏距离为:

$$D_{\mathrm{M}}(\boldsymbol{X}_{(i)}, \boldsymbol{X}_{(j)}) = \sqrt{ (\boldsymbol{X}_{(i)} - \boldsymbol{X}_{(j)})^{\mathrm{T}} \sum{}^{-1} (\boldsymbol{X}_{(i)} - \boldsymbol{X}_{(j)}) } \tag{4-16}$$

样本 $\boldsymbol{X}_{(i)}$ 和总体 $\boldsymbol{G}$ 的马氏距离为:

$$D_{\mathrm{M}}(\boldsymbol{X}_{(i)}, \boldsymbol{G}) = \sqrt{ (\boldsymbol{X}_{(i)} - \boldsymbol{\mu})^{\mathrm{T}} \sum{}^{-1} (\boldsymbol{X}_{(i)} - \boldsymbol{\mu}) } \tag{4-17}$$

根据实测水温数据绘制不同时段平均水温随时间变化趋势图,包括日平均水温、前 3 d 平均水温、前 5 d 平均水温和前 7 d 平均水温,如图 4-23 所示。

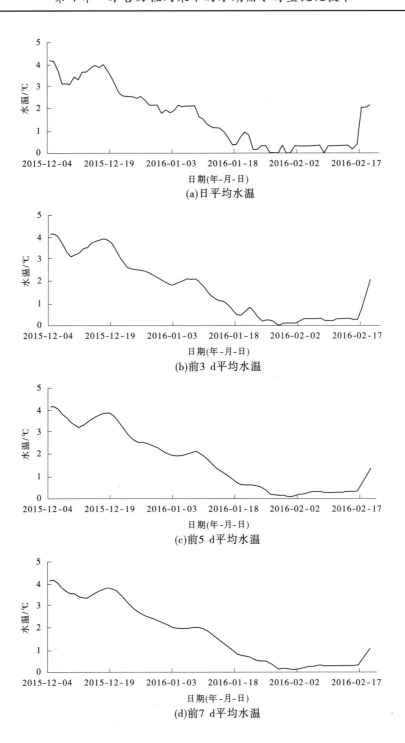

图 4-23　不同时段水温随时间变化趋势

根据实测平均气温数据绘制不同时段平均气温随时间变化趋势图,包括日平均气温、前 3 d 平均气温、前 5 d 平均气温和前 7 d 平均气温,如图 4-24 所示。

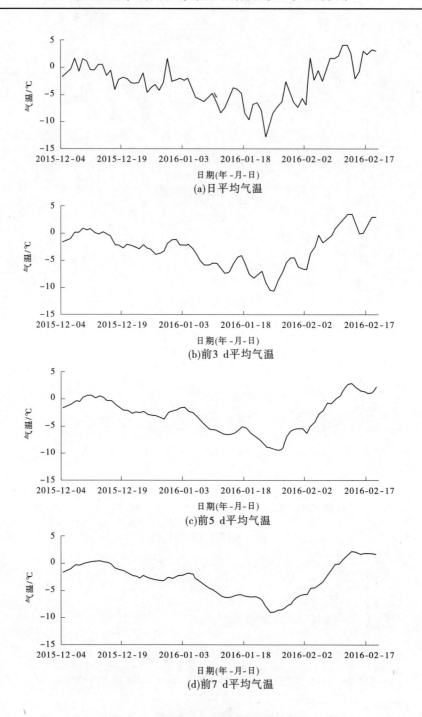

图 4-24　不同时段气温随时间变化趋势

　　根据实测平均气温数据绘制不同时段负积温随时间变化趋势图,包括前 3 d 负积温、前 5 d 负积温和前 7 d 负积温,如图 4-25 所示。

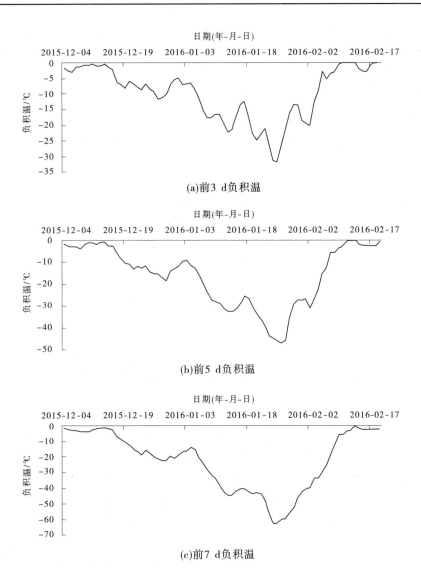

图 4-25 不同时段负积温随时间变化趋势

依据历史冰情资料,将冰情状况划分成无冰、岸冰、流冰、冰盖 4 个等级,并进行 0~1 的量化,见表 4-14 和表 4-15,冰情状况随时间变化趋势如图 4-26 所示。

表 4-14 冰情状况指标评判等级

指标类别	一级	二级	三级	四级
冰情状况	无冰	岸冰	流冰	冰盖
范围	$[0,0.25)$	$[0.25,0.5)$	$[0.5,0.75)$	$[0.75,1]$

表 4-15　冰情状况量化

冰情	无冰	岸冰	流冰	冰盖
量化值	0.125	0.375	0.625	0.875

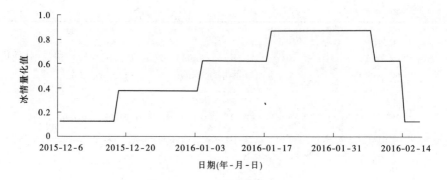

图 4-26　冬季冰情状况随时间变化趋势

量化的标准如下所示(分别取各等级的中间值):

为判断各指标随时间变化趋势更合适作为评判序列的时段,选用马氏距离判别法将其分别与冰情状况序列进行对比,取其最优结果的时间序列作为评判序列。

(1)平均水温指标评判序列。

对不同时段的平均水温随时间变化的时间序列与冰情状况量化后的时间序列进行马氏距离求解,得到各时间段水温指标与冰情状况指标之间的马氏距离值,见表 4-16。由结果可得出前 3 d 平均水温的马氏距离值最小,即前 3 d 平均水温的变化趋势与实际冰情最贴合。故选用前 3 d 平均水温时间序列作为评判序列。

表 4-16　各时段平均水温与冰情状况间马氏距离值

时段	日平均水温	前 3 d 平均水温	前 5 d 平均水温	前 7 d 平均水温
马氏距离值	1 618.034	1 175.301	2 503.345 1	3 904.723 3

(2)平均气温指标评判序列。

对不同时段的平均气温随时间变化的时间序列与冰情状况量化后的时间序列进行马氏距离求解,得到各时间段平均气温指标与冰情状况指标之间的马氏距离值,结果如表 4-17 所示。

表 4-17　各时段平均气温与冰情状况间马氏距离值

时段	日平均气温	前 3 d 平均气温	前 5 d 平均气温	前 7 d 平均气温
马氏距离值	4 640.058 7	3 428.158	2 901.683	3 891.609

由结果可得出前 5 d 平均气温的马氏距离值最小,即前 5 d 平均气温随时间变化趋势与实际冰情最贴合。故选用前 5 d 平均气温时间序列作为评判序列。

（3）对不同时段负积温随时间变化的时间序列与冰情状况量化后的时间序列进行马氏距离求解,得到各时间段负积温指标与冰情状况指标之间的马氏距离值,见表 4-18。

表 4-18　各时段负积温与冰情状况间马氏距离值

时 段	前 3 d 负积温	前 5 d 负积温	前 7 d 负积温
马氏距离值	8 567.895	12 958.49	16 878.2

由表 4-18 中结果可得出前 3 d 负积温的马氏距离值最小,即前 3 d 负积温随时间变化趋势与实际冰情最贴合。故选用前 3 d 负积温时间序列作为评判序列。

4.3.2　模糊综合评判理论及应用

本研究对冰期综合指数的安全评判采用多层次评判体系。在评判实际冰情状态时,根据现有资料,选取了水温、气温和冰情状况这 3 类指标。从冰情发展的角度来说,上述 3 类指标是决定冰期安全程度的重要因素,冰期综合指数有良好反映。

构建多级评判指标体系:构建评判框架的目的是实现冰期综合指数评价,目标层最上层为中线冰期综合指数,水温、气温和冰情状况对应构成一级指标;对气温指标来说,平均气温和负积温对应构成其下一级指标。具体评判框架体系如图 4-27 所示。

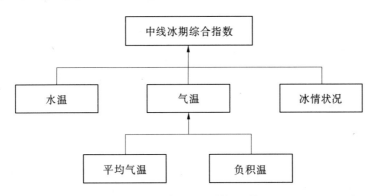

图 4-27　模糊综合评判框架体系

4.3.2.1　评判等级的划分

常见的评判等级的划分主要有三级划分法、四级划分法和五级划分法几种方式,在本项目研究中,采用四级划分法划分评判指标等级,具体如下所示:

$$V = \{V_1, V_2, V_3, V_4\} = \{无冰情,冰情偏轻,冰情偏重,冰情严重\}$$

4.3.2.2　指标权重的确定

中线冰期综合指数计算及评判中采用层次分析法确定各指标权重,判断矩阵为:

$$\boldsymbol{C} = \begin{bmatrix} c_{11} & c_{12} & \cdots & c_{1n} \\ c_{21} & c_{22} & \cdots & c_{2n} \\ \vdots & \vdots & & \vdots \\ c_{n1} & c_{n2} & \cdots & c_{nn} \end{bmatrix} \qquad (4\text{-}18)$$

其中:$c_{ii}=1$,$c_{ij}×c_{ji}=1$。

判断矩阵标度含义见表 4-19。

表 4-19　层次分析法判断矩阵标度含义

因素 u_i 与 u_j 比较	c_{ij}	c_{ji}
u_i 与 u_j 同等重要	1	1
u_i 比 u_j 稍微重要	3	1/3
u_i 比 u_j 明显重要	5	1/5
u_i 比 u_j 十分重要	7	1/7
u_i 比 u_j 极其重要	9	1/9
u_i 比 u_j 处于两个相邻判断间	2　4　6　8	1/2　1/4 1/6　1/8

计算权值,根据判断矩阵计算本层次中与上一层次元素有联系元素的重要次序的权重值,其实质是计算判断矩阵的最大特征值和相应的特征向量。采用方根法计算权值。

按矩阵的行,求元素的几何均值:

$$\overline{\omega}_i = \sqrt[n]{\prod_{j=1}^{n} c_{ij}} = \sqrt[n]{c_{i1} \cdot c_{i2} \cdots c_{in}} \tag{4-19}$$

对结果规范化:

$$\overline{\omega}_i = \overline{\omega}_i / \sum_{i=1}^{n} \overline{\omega}_i \tag{4-20}$$

判断相容性,定义不相容度 $N(\boldsymbol{C})$

$$N(\boldsymbol{C}) = \frac{\lambda_{max} - n}{n - 1} \tag{4-21}$$

当 $|N(\boldsymbol{C})| \leq 0.1$ 时,认为判断矩阵 $\boldsymbol{C}$ 的相容性好,层次分析权值法有效,不需要调整判断矩阵,否则需要调整判断矩阵重新进行计算直至判断矩阵的不相容度能够满足要求。

4.3.2.3　隶属度函数

对于水温、气温及负积温指标采用适合的正态分布隶属度函数,采用置信水平方法划分区间,指标评判等级作如下划分,表 4-20 为水温或平均气温指标评判等级划分,表 4-21 为负积温指标评判等级。

表 4-20　水温(平均气温)指标评判等级

等级	水温(平均气温)
一级	$\mu + k_1\sigma \leq X_i < +\infty$
二级	$\mu \leq X_i < \mu + k_1\sigma$
三级	$\mu - k_1\sigma \leq X_i < \mu$
四级	$-\infty \leq X_i < \mu - k_1\sigma$

表 4-21　负积温指标评判等级

等级	负积温
一级	$-5 \leqslant X_i < +\infty$
二级	$-10 < X_i < -5$
三级	$-20 < X_i \leqslant -10$
四级	$-\infty < X_i \leqslant -20$

依据上述冰情状况曲线以及等级划分情况,采用适合冰情状况指标的隶属度函数。具体如下所示。

一级(单侧正态分布函数):

$$r_{i1} = \begin{cases} 1 & X_i \geqslant a_1 \\ e^{-\left(\frac{X_1 - a_1}{\sigma}\right)^2} & X_i < a_1 \end{cases} \tag{4-22}$$

二级(双侧正态分布函数):

$$r_{i2} = e^{-\left(\frac{X_2 - a_2}{\sigma}\right)^2} \tag{4-23}$$

三级(双侧正态分布函数):

$$r_{i3} = e^{-\left(\frac{X_3 - a_3}{\sigma}\right)^2} \tag{4-24}$$

四级(单侧正态分布函数):

$$r_{i4} = \begin{cases} e^{-\left(\frac{X_4 - a_4}{\sigma}\right)^2} & X_i \geqslant a_4 \\ 1 & X_i < a_4 \end{cases} \tag{4-25}$$

式中:X_i 为评判指标的第 i 个监测值;σ 为评判指标均方差;$r_{ij}(j=1,2,3,4)$ 为评判指标的第 i 个监测值 X_i 对安全等级 $V_j(j=1,2,3,4)$ 的隶属度;$a_j(j=1,2,3,4)$ 为对应评判集 V_j 在该区域的中间值。

冰情状况指标评判等级作如下划分,如表 4-22 所示为冰情状况指标评判等级。

其中,一级为无冰,二级为岸冰,三级为流冰,四级为冰盖。

表 4-22　冰情状况指标评判等级

等级	冰情
一级	$0 \leqslant X_i < 0.25$
二级	$0.25 \leqslant X_i < 0.50$
三级	$0.50 \leqslant X_i < 0.75$
四级	$0.75 \leqslant X_i \leqslant 1.00$

4.3.2.4 评判原则

在模糊综合评判法中,常用的评判原则是最大隶属度原则,最大隶属度原则是指对于 n 个实际模型,可以表示为论域 X 上的 n 个模糊子集 $b_1, b_2, \cdots, b_n, x_0 \in X$ 为一具体识别对象,如果有 $i_0 \leq n$,使 $b_{i0}(x_0) = \max[b_1(x_0), b_2(x_0), \cdots, b_n(x_0)]$,则称 x_0 相对隶属于 b_{i0}。

此外依据冰期综合指数的实际应用情况,同时提出综合单一指数,采用加权平均原则,加权平均原则是指以等级 $a = (a_1, a_2, \cdots, a_n)$ 作为变量,以综合评判结果 $b = (b_1, b_2, \cdots, b_n)$ 作为权数,按下式计算,得到综合单一指数(k 为待定系数)。

$$A = \frac{\sum_{j=1}^{n} a_j b_j^k}{\sum_{j=1}^{n} b_j^k} \tag{4-26}$$

此外,鉴于评判级别数存在不同,可能导致综合单一指数无法进行直接比较。所以,进一步定义冰情综合指数值:

$$B = \frac{A-1}{n-1} \tag{4-27}$$

式中:A 为综合单一指数;n 为划分的评判级别数,$n=4$。显然,$0 \leq B \leq 1$,而且符合从无冰情 $B=0$ 到冰情严重 $B=1$ 的规律。

4.3.2.5 模糊综合评判法的应用

以北拒马河 2015—2016 年度和 2020—2021 年度全时段为例,结合模糊综合评判法来说明基于冰期综合指数评判的预警过程。

利用资料给出的监测数据资料求出计算各指标所需的 a 值、均值和均方差,如表4-23、表4-24 所示。

表 4-23 各指标 a 值汇总

指标	a_1	a_2	a_3	a_4
平均水温	5.374	3.474	1.575	0
平均气温	3.443	0.314	-2.816	-5.946
负积温	0	-7.500	-15.000	-22.500
冰情状况	0.125	0.375	0.625	0.875

表 4-24 各指标均值和均方差汇总

均值与均方差	指标			
	水温	平均气温	负积温	冰情状况
均值	2.525	-1.251	-6.305	0.404
均方差	1.899	3.130	6.935	0.241

利用所给的数据、均方差和 a 值,可以求出 2015—2016 年度和 2020—2021 年度的各评判指标的隶属度值。

实际冰情状况是能直观反映冰情状态的一个指标;而水温指标和气温指标,对冰情状态是间接反映的。综上所述,根据层次分析法,将判断矩阵设为:

$$C = \begin{bmatrix} 1 & 1 & 1/2 \\ 1 & 1 & 1/2 \\ 2 & 2 & 1 \end{bmatrix} \tag{4-28}$$

计算可得,权重向量为:

$$W = \begin{bmatrix} 0.25 & 0.25 & 0.50 \end{bmatrix} \tag{4-29}$$

同时,得到其最大特征值 $\lambda_{\max} = 3$,$| N(C) | = \dfrac{\lambda_{\max} - n}{n - 1} = 0 < 0.1$,故权重满足相容性要求。

根据各指标隶属度计算结果、权重设置以及评判原则,可得冰期综合指数综合值,结果如图 4-28 和图 4-29 所示。

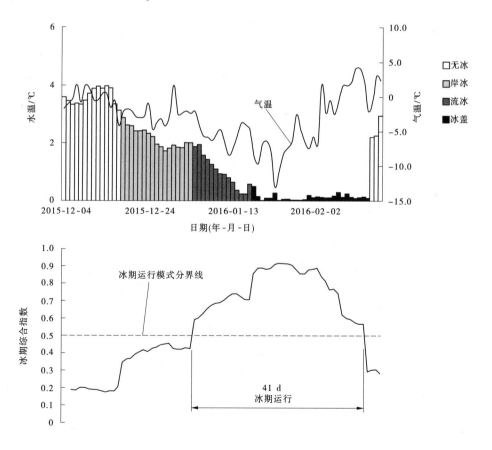

图 4-28　北拒马河站冰期综合指数趋势(2015—2016 年度)

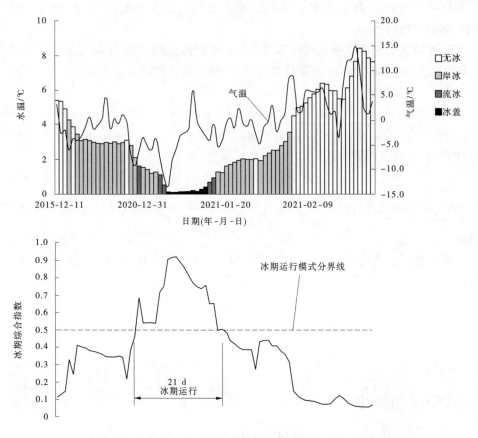

图 4-29　北拒马河站冰期综合指数趋势(2020—2021 年度)

若以 0.5 作为进入冰期运行模式的冰期综合指数,大于 0.5 的时段采取冰期运行模式,以 2015—2016 年度和 2020—2021 年度为例,冰期综合指数发展曲线和典型指标的变化过程较为一致,冰期综合指数大于 0.5 的时段完全涵盖了冬季流冰和冰盖的发生时段及冰情状况为岸冰且水温较低的时段。历史数据分析得知,当水温较低时,尤其是水温下降阶段,一次较大幅度的降温过程很可能引起冰情加剧,这一时期渠道尽管只有岸冰,但是随时会产生流冰、冰盖等冰情,仍然需要重点关注,如 2021 年 1 月 1—4 日,冰期综合指数均高于 0.5,说明该时段渠道冰情的整体情况通过冰期综合指数评判体系得到了反映,这一计算结果与实际情况相符合,达到了保障冰期输水安全的要求。

若按照此方式进行动态调度,则 2015—2016 年度冰期运行时长为 41 d,实际冰期运行时长以 90 d(12 月 1 日至次年 2 月 28 日)计,那么冰期运行时长缩短了 54%;2020—2021 年度冰期运行时长为 21 d,与实际相比,缩短了 77%。

4.3.3　输水状态时空优化影响分析

(1)对渠道输水安全运行的影响。

通过对中国气象局的气温预报数据、闸站的实时水温及渠道的冰情的综合分析研究,建立冰期动态调度系统,及时预报影响渠道运行的冰情严重程度,提出渠道冰期运行调度建议优化方案,科学地优化渠道冬季调度运行,保证冰期输水安全。

冰期动态调度系统根据冰期综合指数,提前 3 d、7 d、15 d 自动预报渠道调度需采取的运行模式:正常调度模式或冰期运行模式。不同的运行模式,采取不同运行策略及安全措施,并给总调中心及分调中心留出冰期应急反应的富余时间。动态调度系统充分考虑到华北地区寒潮对渠道冰情的影响,在寒潮到来时,总伴随着渠道水温的下降,但水温的变化比较平缓,这给调度运行模式的调整留下了一定反应的时间,至少提前 3 d 会收到预警信息,并根据实时冰情调整渠道运行方案,降低渠道冬季输水运行风险。

（2）对供水的影响。

冰期动态调度系统根据历史资料,提前预测到冰期运行的时间,对渠道输水方案进行科学的指导。南水北调总干渠往期进入冰期输水模式的时间一般在每年的 12 月 1 日,冰期动态调度系统根据历史资料分析结果,得出冬季影响渠道运行的严重冰情一般出现在 12 月底到次年的 1 月初,从时间上增加了冬季正常运行的时长,加大了渠道冬季输水量,提高了冬季输水能力。历史资料显示,影响冬季渠道输水安全的严重冰情一般发生在石家庄以北的渠段,石家庄以南的渠段在冬季仍可以采取正常输水模式,从空间上也加大了输水量,提高了渠道冬季的输水能力。冰期动态调度系统从时间和空间上都能科学指导渠道冬季调度运行,提高渠道的输水能力。

以 2020—2021 年度冬季调度方案优化前后输水量对比举例说明其效果,见表 4-25、表 4-26 及图 4-30。表 4-25、表 4-26 及图 4-30 列出了漳河北岸、岗头隧洞、北拒马河、王庆坨（河北天津分界）等 4 个典型闸站 2020—2021 年度冬季输水优化方案及方案优化前后

表 4-25　2020—2021 年度冬季渠道输水调度方案优化统计

月份	漳河北岸			岗头隧洞			北拒马河			王庆坨（河北天津界）		
	水量/亿 m³	平均流量/(m³/s)	优化方案	水量/亿 m³	平均流量/(m³/s)	优化方案	水量/亿 m³	平均流量/(m³/s)	优化方案	水量/亿 m³	平均流量/(m³/s)	优化方案
12 月	4.15	154.94	正常供水	2.45	91.47	正常供水	1.10	41.07	正常供水	1.08	40.32	正常供水
1 月	3.56	154.94/ 86.62	1 月 22 日冰期运行	1.43	91.47/ 44.43	1 月 7 日冰期运行	0.59	22.03	1 月 1 日冰期运行	0.48	17.92	1 月 1 日冰期运行
2 月	2.88	87.63/ 154.94	2 月 15 日冰期结束	1.61	44.64/ 91.47	2 月 15 日冰期结束	0.75	22.32/ 41.07	2 月 15 日冰期结束	0.69	18.19/ 40.32	2 月 15 日冰期结束
合计	10.59			5.49			2.44			2.25		

的输水量变化对比分析结果。优化后,这4个闸站在12月均维持正常输水模式,分别在1月22日、1月7日、1月1日、1月1日进入冰期运行模式,并于2月15日结束冰期运行模式。优化前的冬季输水量为13.34亿 m³,优化后的冬季输水量达20.76亿 m³,比优化前增加了7.43亿 m³,输水能力提高了55.7%。

表 4-26　2020—2021 年度冬季渠道输水调度方案优化前后输水量统计

月份	漳河北岸		岗头隧洞		北拒马河		王庆坨 (河北天津界)		合计		优化 幅度/ %
	优化前/ 亿 m³	优化后/ 亿 m³	优化前/ 亿 m³	优化后/ 亿 m³	优化前/ 亿 m³	优化后/ 亿 m³	优化前/ 亿 m³	优化后/ 亿 m³	优化前/ 亿 m³	优化后/ 亿 m³	
12 月	2.32	4.15	1.19	2.45	0.59	1.10	0.48	1.08	4.58	8.78	91.7
1 月	2.32	3.56	1.19	1.43	0.59	0.59	0.48	0.48	4.58	6.06	32.4
2 月	2.12	2.88	1.08	1.61	0.54	0.75	0.44	0.69	4.18	5.92	41.6
合计	6.76	10.59	3.46	5.49	1.72	2.44	1.40	2.25	13.34	20.76	55.6

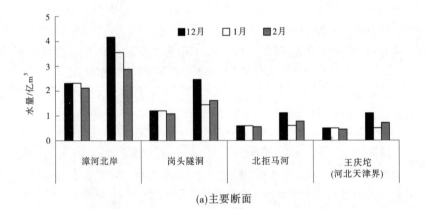

(a)主要断面

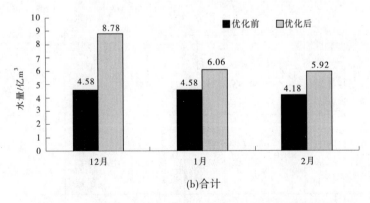

(b)合计

图 4-30　2020—2021 年冬季调度方案优化后的主要断面水量分布

第 5 章　多流程跨层级协同管控模式

南水北调中线工程具有输水线路长、调控元件多、控制要求高的特点,伴随着现行调度管理模式中存在调度人员数量多、机构复杂、业务烦琐等特点,使得中线工程调度管理难度大。中线工程总干渠全长 1 432 km,沿线共布置各类建筑物 1 800 多座。其中,具有调节能力的建筑物有 500 多座,包括 64 座节制闸、97 座分水口、54 座退水闸、61 座控制闸。在调度运行管理方面,中线工程设置了三级调度机构,分别为 1 个总调度中心、5 个分调度中心、47 个现地管理处,负责全线各闸站的日常调控与管理。

由于中线工程调度管理结构复杂,且目前尚未形成统一的调度运行管理系统,运行调度过程中需要参与的调度人员多,在运行调度过程中存在信息获取不及时、管理不到位、调控不协调的问题。加之,汛期条件下受到降雨时空分布复杂和实时水情状态易变、冰期条件下冰盖阻塞等诸多扰动,中线工程极易进入应急状态。此时水力响应的变化和应急时间的限制,使工程运行过程对调度信息的实时性、调度指令的可靠性、调度业务的高效性需求显著增加,信息流、指令流、业务流多流程协同管控难度大,中线工程对高效信息共享平台及业务管控机制的需求显著提升。

首先,根据中线工程管理结构特点,特殊输水期内,无论是常规还是应急场景下,水情、雨情、冰情、工情多元信息需要在多个业务主体之间实现实时交互,信息也必须覆盖从采集端到应用端的不同层级实时共享需求。其次,由于汛期的降雨、下渗和冰期的冰盖、冰凌等因素的影响,信号传输和控制设备可靠性会下降,并且传统闸站自动监控系统难以直观反馈闸门动作情况,因此需要建立远程指令执行的双重保障模式。最后,现阶段工程管理中采用的调度模式,具体体现出工作强度大、效率低、管理水平落后等问题,亟待改善和解决,尤其要实现调度信息、调控设备、调水业务多要素的综合管理,信息流、指令流、业务流的高效流转和不同业务主体之间的协同管控。

因此,针对上述问题及需求,本项目创建了信息-指令-业务多流程跨层级协同管控模式,建立由采集端到应用端的跨单位多层级水情、雨情、冰情、工情多元信息实时共享机制,提出了基于闸站自动监测和视频自动跟踪的指令执行双重保障模式,研发调度信息、调控设备、调水业务多要素高效协同的中线输水调度综合管理平台,显著提升了输水调度自动化和智能化水平。

5.1　多元信息实时共享机制

汛期条件下,极端暴雨事件易发、频发,冰期条件下,冰盖、冰凌等易造成危害,加之中线工程全线 304 座具有调节能力的建筑物的水情、雨情、冰情、工情数据使得中线工程数据量十分庞大,各级单位间数据交互的不及时将严重影响工程的输水安全。因此,在汛期极端暴雨和冰期冰害这样的特殊输水期条件下对数据交互的实时性、高效性、完整性需求极高,故针对水情、雨情、冰情、工情多元信息的实时交互需求,由采集端到应用端的跨单位多层级水雨工情多元信息实时共享机制,通过采集端数据自动采集、跨网段系统平台数据高效传输、应用端数据快速接受的方式,建立了多元信息实时共享机制,并设置移动端和 PC 端相互同步,实现了特殊输水期条件下 1 个总调度中心、5 个分调度中心、47 个现地管理处以及其他水务公司、流域机构间的高效传送与时空无障碍共享,为汛期和冰期的调度业务运转提供了时间保障。

5.1.1　传统信息交互方式

5.1.1.1　无自动化系统阶段

在中线运行初期,水情、调令等数据的上传、下达都通过纸质台账记录,通过电话进行逐级传递(见图 5-1)。并且,现地工作人员需要按时到现场读取水尺数据。数据上传及指令下达按照如下方式执行:

(1)数据上传。现地人员每 2 h 到现场读取 1 次水尺数据,在纸质台账记录,并电话上报分调度中心,分调度中心纸质台账记录后电话上报总调度中心。

(2)指令下达。总调度中心电话下达指令到分调度中心,分调度中心再电话下达到现地管理处。

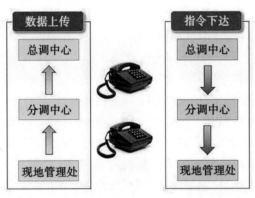

图 5-1　无自动化系统阶段信息交互

5.1.1.2　闸控系统投运阶段

京石段闸站监控系统 2010 年投入运行,中线全线闸站监控系统 2014 年投入运行。在闸站监控系统投入运行之后,现地调度人员在中控室每 2 h 通过闸控系统读取 1 次闸门开度、水位、流量等关键水情数据;同时,需到现场读取水尺、开度尺数据并对闸控数据进行核对。各级管理机构间的数据上传与指令下达仍通过电话完成。

5.1.1.3　视频系统投运阶段

视频监控系统于 2016 年投入使用,现地调度人员可直接从视频系统中读取水尺、开度尺数据用于闸控采集数据的核对(见图 5-2),只需偶尔到现场查看各类设备运行情况。各级机构间的数据上传与指令下达仍通过电话完成,并通过纸质台账记录。

5.1.1.4　OA 系统试用阶段

为及时、批量上传水情数据,2016 年在全线部署 OA(office automation,简称 OA)系统

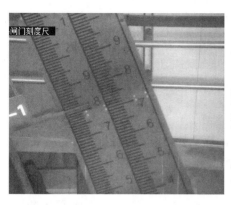

图 5-2　视频系统投运阶段信息交互

（见图 5-3）。现地管理处使用 OA 系统上传水情数据到分调度中心，分调度中心通过邮件上传水情数据到总调度中心。各级机构间调度指令的下达仍通过电话完成，并通过纸质台账记录。现地调度人员通过闸控系统读取水情数据，并利用视频系统核对数据。

图 5-3　OA 系统试用阶段信息交互

从传统的信息交互方式中可以看出，中线工程早期的信息交互主要以人工读取、手动录入、电话传达为主。在汛期及冰期这样的特殊输水期的紧急条件下，极易因信息延迟、流程烦琐或者其他外界不可控因素的影响而延误了应急调控，进而难以保障工程安全输水的正常进行。

5.1.2　信息实时共享方式

5.1.2.1　业务主体

1. 内部主体

中国南水北调集团中线有限公司（以下简称中线公司）本部主要是中线公司领导、各业务部门（总调）相关人员。中线公司建设管理局领导通过数据分析管理系统能够对输水调度重点控制性设施水情数据进行全局掌控。各业务部门能够对职责范围内的重点控制性设施水情数据、调度人员信息、相关审批流程、调度预警情况、数据统计分析等全局掌控。

各分公司包括中线公司北京分公司、天津分公司、河北分公司、河南分公司、渠首分公司共 5 个分公司的领导及相关部门管理人员，各分公司及其管理范围内管理人员约 1 000

人。各分公司能够对各自管理范围内的重点控制性设施水情数据、调度人员信息、相关审批流程、调度预警情况、数据统计分析等全局掌控。

各管理处包括全线共47个现地管理处的管理人员。各管理处管理人员能够全面掌握管理范围内重点控制性设施水情数据、调度人员信息、相关审批流程、调度预警情况、数据统计分析等情况。

总干渠水量调度管理的原则为:统一调度、集中控制、分级管理。统一调度和集中控制意味着调度指令的下发与闸门的操作均在中线公司总调度中心完成,分级管理是在三级调度机构之间按各自职责开展调度运行工作。总调度中心见图5-4,分调度中心见图5-5,现地管理处见图5-6。

图5-4　总调度中心

图5-5　分调度中心

2.外部主体

中线工程汛期和冰期调度的外部主体主要有:河南、河北、北京、天津等地的水务公司;海河水利委员会等水利部流域机构;沿线各省市水源公司等60余个外部主体。

5.1.2.2　信息时空无障碍共享

水情、雨情、冰情、工情数据通过现地站的水位计、流量计、雨量站等设备结合视频联动自动读取,并将数据传输给闸站监控系统,对监测数据进行数据滤波、筛查及存储。同时,通过跨网段技术,将以上处理过后的实时数据从专网到内网进行传输,推送至输水调度App(见图5-7)、巡查系统、中线一张图、总调度中心模拟屏系统及管理站中控室显示系统等平台,实现各业务主体间信息同步和时空无障碍共享。综合管理平台见图5-8。

图 5-6　现地管理处

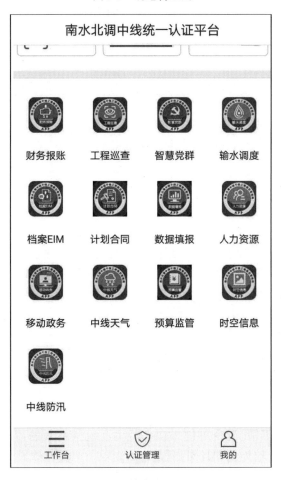

图 5-7　输水调度 App

图 5-8　综合管理平台示意图

5.2　远程指令执行双重保障模式

在汛期全线或局地降雨及冰期渠道冰凌的影响下,传输线路、闸控设备可靠性降低,直接影响水情数据传输、控制指令执行成功率等。为此,基于闸站自动监测和视频自动跟踪的远程指令执行双重保障模式,通过打通视频监控系统和闸站监控系统的信号传输通道,使视频设备能够根据闸门控制指令自动对准闸门开度尺,跟踪监视闸门动作,实现指令执行可靠性达到 100%。

5.2.1　业务流程全程跟踪

5.2.1.1　传统人工调度模式

现阶段的调度仍以人工经验决策为主,调控安全稳妥,但是对人工依赖性很强,调度人员的工作效率低、劳动强度大、超调频次高。随着经济和科学技术的快速发展,工程的运行调度管理也开始由传统型的经验管理逐步转换为现代化自动化管理,并朝着智慧型调度方式循序迈进。现阶段的调度运行管理模式存在的问题如下:

(1)信息化程度较低,人工填表工作量大。

泵站或节制闸实时工况记录表需要 1 h 记录一次,运行巡视检查记录需要 2 h 记录一次,并需要手动完成调度运行日报,各类数据均在纸质台账上记录,需要人员较多,人工工作量巨大。

(2)运行管理系统多,交互协同能力差。

水情、雨情、冰情、工情、调令等信息在各级调度机构之间的传输过程均通过电话完成,信息共享手段单一、较为烦琐且可靠程度比较低,一旦传输线路出现问题,各项数据即无法按时上报。或当出现应急工况时,传统的数据传输手段会严重降低调度人员对水情分析、调度指令下发的时效性、高效性和完整性,大大影响了工程平稳、安全输水。

（3）运行调控过分依赖现场调度人员经验。

当前模式下,总调度中心下达调度指令是调度人员根据上下游闸站水位,参考月调度方案,结合当时水情,自行确立的运行调控方案,对调度人员的经验依赖程度较高,且对调度人员能力要求较高,不仅要求其能自主判断、自主分析、自主决策,还要能够延续上一班次调度人员的整体思路,对调度人员整体要求较高。

（4）缺少历史调度过程的规律分析和深度总结。

中线工程运行多年以来,积累了大量的数据和资料,包括水情、雨情、工情、冰情、闸门指令等的数据,但是目前尚未建立起系统化、全面化的数据分析的过程。调度人员在进行调度操作复盘的时候,更多的是复盘调度思路,很少在复盘过程中发现规律、学习规律,很少去分析调度规律的调控效果,尚未做到规律化的精准调度。

5.2.1.2　调水工程调度运行管理系统

针对传统人工调度模式下调度人员劳动强度大、工作效率低,且工程管理水平落后的问题,研发了调水工程调度运行管理系统。该系统涵盖了感知、决策、评价、管理等调水工程的全部业务流程,为各项业务工作的开展提供了信息化支撑。

调水工程调度运行管理系统包括水情数据管理、调度指令管理、调度办公管理、报表统计管理、运行日报管理、台账文件管理、信息维护管理、实施方案管理、供水计划管理、调度决策管理等 10 个功能模块,功能架构如图 5-9 所示。

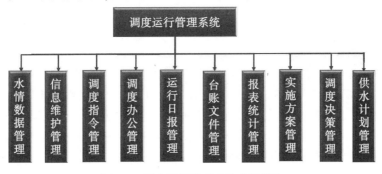

图 5-9　调度运行管理系统功能架构

1. 水情数据管理

该模块主要展示沿线各座节制闸、泵站和分水口等关键节点的水情数据信息的时空分布情况,调度人员通过该模块可以直观地了解到工程运行状况。

2. 调度指令管理

该模块取代了"纸质草拟-电话下发-电话反馈"的低效模式,能够实时显示节制闸等水工建筑物控制指令的下发、执行和反馈情况,包括调令生成和调度操作两部分。

3. 调度办公管理

该模块服务于调度人员的日常值班考勤,包括值班计划下发、值班员签入签出、考勤情况统计、值班变更等功能。

4. 报表统计管理

该模块实时显示全线数据的采集和人工干预情况,同时可查看全线各级管理机构的实际值班情况、异常签入签出情况、违规操作情况。

5. 运行日报管理

该模块能够一键生成工作日报和各类报表,并自动抄送给相关单位。

6. 台账文件管理

该模块可将各类文件存储到数据库中,实现了台账文件的界面化,能够随时上传文件或下载查看。

7. 信息维护管理

该模块用于实时查询、修改各类建筑物的参数信息及状态,同时可更新调度人员信息和权限。

8. 实施方案管理

该模块是在用水计划调整情况和实时运行状态已知的情况下,自动生成全线短期调度方案,包括各节制闸或泵站的调控过程和各渠池、分区蓄水量的变化过程。

9. 供水计划管理

该模块主要用于统计各省市的供水计划及执行情况,并为实施方案提供计算的边界条件。

10. 调度决策管理

该模块能够根据各节制闸闸前水位自动评价全线的水情状态,在此基础上,自动生成全线各调控建筑物的控制指令。

5.2.2　远程控制-视频联动-现地纠偏

5.2.2.1　远程控制

远程控制主要依托闸站监控系统进行。闸站监控系统是"南水北调中线干线自动化调度与运行管理决策支持系统"核心组成部分,在通信和计算机网络系统建设的基础上,采用先进成熟的计算机、自动控制和传感器技术,通过现地实时监测、自动控制等自动化系统建设,按照节制闸前常水位运行控制方式进行全线闭环自动控制,同时在实时水量调度系统和闸站视频监视系统的支持下,完成全线闸站的自动化、一体化日常输水调度功能(见图5-10~图5-13)。

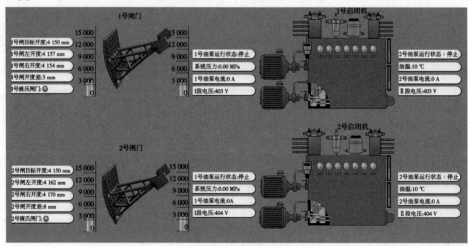

图 5-10　捕获刁河

是否可控	闸站名称	设备名称	目标开度	当前开度	闸门控制过程反馈	下发时间
○	漠道沟倒虹吸出口节制闸	3号液压闸	3 300	3 295 mm		2024-03-08 10:04:59
○	漠道沟倒虹吸出口节制闸	2号液压闸	3 300	3 303 mm		2024-03-08 10:04:59
○	漠道沟倒虹吸出口节制闸	1号液压闸	3 300	3 297 mm		2024-03-0810:04:59
○	沙河(北)倒虹吸出口节制闸	3号液压闸	3 700	3 697 mm		2024-03-08 10:04:59
○	沙河(北)倒虹吸出口节制闸	2号液压闸	3 700	3 703 mm		2024-03-08 10:04:59
○	沙河(北)倒虹吸出口节制闸	1号液压闸	3 700	3 701 mm		2024-03-08 10:04:59
○	古运河暗渠进口节制闸	3号液压闸	4 060	4 062 mm		2024-03-08 10:04:59
○	古运河暗渠进口节制闸	2号液压闸	4 060	4 062 mm		2024-03-08 10:04:59
○	古运河暗渠进口节制闸	1号液压闸	4 060	4 060 mm		2024-03-08 10:04:59
○	汶河渠道倒虹吸出口节制闸	3号液压闸	1 850	1 849 mm		2024-03-08 10:04:59
○	汶河渠道倒虹吸出口节制闸	2号液压闸	1 850	1 849 mm		2024-03-08 10:04:59
○	槐河(一)倒虹吸出口节制闸	3号液压闸	3 800	3 800 mm		2024-03-08 08:21:11
○	槐河(一)倒虹吸出口节制闸	2号液压闸	3 800	3 800 mm		2024-03-08 08:21:11
○	槐河(一)倒虹吸出口节制闸	1号液压闸	3 800	3 800mm		2024-03-08 08:21:11
○	午河渡槽进口节制闸	3号液压闸	3 500	3 501 mm		2024-03-08 08:21:11
○	午河渡槽进口节制闸	2号液压闸	3 500	3 501 mm		2024-03-08 08:21:11
○	午河渡槽进口节制闸	1号液压闸	3 500	3 501 mm		2024-03-08 08:21:11
○	李阳河倒虹吸出口节制闸	3号液压闸	4 400	4 401 mm		2024-03-08 08:21:11

图 5-11　捕获场景

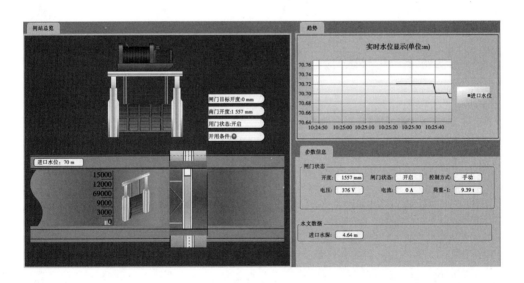

图 5-12　捕获详细场景

5.2.2.2　视频联动

通过视频识别的方式,识别出闸门是否动作、水情实际状态等真实情况,为调控提供安全保障。视频联动系统主要依托视频监控进行,投运阶段信息交互如图 5-14 所示。

闸站视频监控系统(见图 5-15)主要用于输水调度监视,全天候实时监视建筑物运行情况,并为闸站设备运行维护、突发事件取证等应用提供远程视频监控手段。监视范围包括闸前、闸后、闸室、启闭机室、高压配电室、低压配电室、通信机房、自动化室等。视频监视信息从监视点采集后,在本地现地站进行存储,视频存储方式为 IPSAN,存储时间为 90 d。

2018 年视频联动系统投入运行,总调度中心通过闸控系统下发调度指令后,相关节制闸的配套摄像头自动调整对准水尺和开度尺,实时监控闸门和水位变化情况,现地调度人员无须再人工调整摄像头方向监控闸门的指令执行情况。

	点Rid	站点名称	设备类型	设备名称	属性
☐	1000	渠首引水闸	流量计	流量计	瞬时流量
☐	1001	渠首引水闸	流量计	流量计	累计水量
☐	1002	渠首引水闸	流量计	流量计	反向累计水量
☐	1003	渠首引水闸	流量计	流量计	流速
☐	1004	渠首引水闸	流量计	流量计	水深
☐	1005	渠首引水闸	流量计	流量计	水温
☐	1006	渠首引水闸	闸后水位计	闸后水位计	闸后水位
☐	2063	肖楼分水闸	闸前水位计	闸前水位计	闸前水位
☐	2064	肖楼分水闸	闸前水位计	闸前水位计	闸前水深
☐	2065	肖楼分水闸	液压闸	液压闸	接收AO开度设定值
☐	2066	肖楼分水闸	液压闸	液压闸	液压闸开度差
☐	2067	肖楼分水闸	液压闸	液压闸	液压闸左开度
☐	2068	肖楼分水闸	液压闸	液压闸	液压闸右开度
☐	2069	肖楼分水闸	流量计	流量计	瞬时流量
☐	2070	肖楼分水闸	流量计	流量计	累计水量
☐	2082	肖楼分水闸	流量计	流量计	反向累计水量
☐	2083	肖楼分水闸	流量计	流量计	流速
☐	2084	肖楼分水闸	流量计	流量计	水深
☐	2085	肖楼分水闸	流量计	流量计	水温
☐	2086	肖楼分水闸	闸后水位计	闸后水位计	闸后水位

选择点　关闭　　　　　　　　　　　　　　过滤

☑模拟点　☐数字点

站点名称　(所有的)…
设备类型　(所有的)…
　　　　　渠首引水闸
属性　　　肖楼分水闸
　　　　　刁河渡槽退水闸
关键词　　刁河渡槽节制闸
　　　　　望城岗北分水闸
　　　　　淇河渡槽退水闸
重设　　　淇河渡槽节制闸
　　　　　彭家分水闸
　　　　　严陵河渡槽退水闸
　　　　　严陵河渡槽节制闸
　　　　　西赵河倒虹吸出口工作闸
　　　　　谭寨分水闸
　　　　　淇河railroad倒虹吸出口节制闸(箱平)
　　　　　漂河涵洞式渡槽退水闸
　　　　　姜沟分水闸
　　　　　十二里河渡槽节制闸
　　　　　田洼分水闸
　　　　　娃娃河倒虹吸出口工作闸
　　　　　梅溪河倒虹吸出口工作闸
　　　　　大秦分水闸

|◄ 页 1 共230 ►|

图 5-13　捕获详细场景选择点

图 5-14　视频联动系统投运阶段信息交互

视频自动轮巡识别是将系统原有监控设备以及新增监控设备联网管理,通过软件控制实现的。可支持多路视频轮巡检测,建立视频轮巡列表,自动根据轮巡计划和对应的配置策略进行轮巡检测,自动检测视频中出现的事件并报警。

视频分析是从视频内容管理模块获取指定监控画面的视频流(以 RTSP/RTMP 两种格式为主),智能分析引擎启动后加载多种画面事件分析模型,首先对实时视频流解码,按照一定规则(间隔特定帧数取 1 帧或每秒抽取特定几帧)解出 RGB 图像,然后利用学习网络对该图像进行并行模型分析,最终得出该画面与模型的匹配度,将结果存入数据库,如果按照预设规则匹配度达到设定限值则触发报警信息推送流程。

图 5-15　闸站视频监控系统示意图

续图 5-15

在获取视频流的基础上,对视频流进行解码,按照一定规则(间隔特定帧数抽取或使用关键帧)进行检测。对检测到的工况图片进行对齐、归一化等处理,送入工况特征提取网络。提取特征后,与特征库中已经保存的工况数据进行比较,当相似度较高时认为工况匹配。若不存在相似度较高的工况,则进行相关推演或直接输出警告动作。

5.2.2.3　现地纠偏

通过系统平台的远程控制,现地闸站进行实时的动作,结合视频联动返回结果,对现地闸门运行状况及动作效果进行评估,进而对多类型偏差工况进行修补纠偏,以保证现地工况在较短时间内达到计划动作。

根据算法基本思路的分析,设计的实时纠偏算法主要包括数据拓扑关系构建、数据建模和纠偏计算 3 个部分。

(1)数据拓扑关系构建。数据包括水工建筑物数据、水工建筑物运行数据和设备数据。

(2)数据建模。准确定位水工建筑物实时运行状态是保证纠偏计算准确率的前提。实现实时运行状态的感知需要高精度的离线识别模型,再根据人员的先验信息建立数据模型,对已有偏差量进行评估。

(3)纠偏计算。纠偏计算的核心在于建立纠偏解算模型,该解算模型是将视频采集到的工况状态、计划工况状态和期望调控结果作为输入参数,由模型自动计算出纠偏偏置量,以代替已存在的误差较大的原始工况状态,由此实现对偏离工况的纠偏。

5.3　中线输水调度综合管理平台

针对传统电话、传真等调度模式工作强度大、效率低、管理水平落后,且特殊输水期调度指令、信息监控等工作占全年任务量比重大,调度人员工作强度高等突出问题,研发了调度信息、调控设备、调水业务多要素高效协同的中线输水调度综合管理平台,实现了中线工程汛期、冰期等特殊输水期下信息流、指令流、业务流的高效流转和三级 53 个管理机构、3 000 余名调度人员、500 余座闸站的协同管控,调度业务流转效率提升了 60% 以上。
具体如表 5-1 所示。

表 5-1　输水调度综合管理平台功能模块

水情可视化平台	功能	
水情监测平台	水情数据监测	全线水情统计
		节制闸水情数据
		分水口水情数据
		水情数据校正
	水情要素分析	全线水情统计分析
		全线水体统计分析
		全线流速统计分析
		全线水深统计分析
		全线温度统计分析
	水情预测预警	—
	历史数据统计	—
	水情数据清洗	—
调度指令平台	调令审核平台	调令生成管理
		调度操作管理
	平台调令转发	—
	调度指令统计	—
	历史指令查询	—
值班考勤管理	值班签入签出	值班人员签入签出功能
		临时签入签出
		签入签出管理
	值班考勤统计	考勤统计查询
		节假日信息录入
	调度工作日志	日报填报
		日志汇总及查询
	值班交接记录	交接记录填写
		交班记录汇总及查询
	值班替班记录	—

本套系统在上线后极大地助力了调度人员日常的调度操作,其主要功能如下:

(1)实时监测各节制闸、分水口等闸门的详细水情数据,建立完善的水情数据上报、
审核、校正及备份的机制。

（2）实现多维度水情数据统计分析，实时对闸门水位、流量、水温、流速、水体、生态供水量、日供水水量、累计供水水量、流域、所属地域等参数历史数据进行层级查询。

（3）提供自动区分正常供水和生态供水功能，建立年度供水计划、生态供水计划等相应的供水系统统计报表。

（4）建立完备的调度指令流转体系，实现从总调到分调再到中控室的三级流转体系，完成指令下达的审批流程，能够正确执行反馈指令的运行状态，为各闸门正常进行输水调度业务提供有力支撑。

（5）对调度人员信息及调度人员值班过程进行管理，实现值班的签到管理，生成调度人员的值班日志、交接班记录及未完成事项等记录报表，自动关联时间和操作人、工程运行情况等信息。

（6）统计分析水情数据，形成水情业务数据报表，报表提供导出下载功能，建立报表的可视化展示窗口。

（7）提供节制闸、分水口、退水闸、控制闸等闸门的工情及基础信息维护。

5.3.1　水情可视化平台

可视化平台充分利用每日水情数据，集中监控重点日报数据，根据需求通过动态地图、三维饼图、动态折线图等多种展示方式，实现集直观易读、突出数据价值、易于分析、美观为一体的可视化设计，最终实现让数据变得更加简单、方便交流的水情数据展示服务。模块可通过二维动态地图展示供水省市，可使用鼠标悬停的方式查看各省市或分水点详细水情信息。可通过鼠标点击二维动态地图中对应分水节点在分数点数据展示区域展示分水点详细水情数据，同时搭配动态直方图、动态饼图、动态曲线图等统计图详细展示各分水点累计分水量、当日分水量、瞬时流量、各分水闸门变化情况等详细信息。通过合理的布局设计实现直观、专业、详细地展示每日水情状况。

5.3.2　水情监测平台

水情监测平台实现了南水北调中线工程水情情况的数据采集及数据存储管理。水情监测平台功能将节制闸、分水口的水量监控所产生的水量、水位高度、水流速度数据及对应基本信息按照选择的时段及选择的采集频次进行查询，并分时段统计，实现水情数据的快速查询、分析、展示。

水情数据在专网中进行展示，按照每半小时的频率与闸控系统数据实现同步。水情监测模块主要对水情数据展示、调度数据分析及原始数据展示，主要通过将数据分类展示、原始数据的呈现展示，分析完成数据管理功能。通过数据展示，实现数据监控功能，提供异常数据报警，根据实际情况可对水情数据进行增加、更正、修改，保证水情数据的准确性。年度水量情况记录将数据进行展示及校正，更准确地提供水情相关信息，调度数据分析在已监测到全线水量数据的基础上分析节制闸及分水口的数据情况，为判断将产生的预警情况提供数据支持，并对数据进行综合评价。

5.3.2.1　水情数据监测

水情数据通过日常水情展示、基础水情展示、全线水情展示，将节制闸及控制闸、分水口和退水闸分别进行分类展示,整合数据分类模块,每个类别中包含一个菜单,实现数据的精简查看。水情数据展示页面将数据合理化、可视化展示,使整体页面布局更加合理,利用更加丰富,可实现水情数据的快速查询与查看。

将监测到的水情数据通过管理平台分类汇总,可实现数据的快速查看、核实、展示。根据使用目的,将水量数据生态分水和正常分水划分,并对水情数据进行汇总统计,根据展示需要将之以灵活设定的报表模板方式汇总展示,提供下载导出的功能。同时,根据水情数据种类进行分类,设置不同颜色及对应说明,实现鼠标悬停后,可自动出现说明详情,可根据需求调整具体颜色并设置对应说明内容,便于调度值班人员进行输水调度业务。

1. 全线水情统计

通过全线水情数据统计,可实现对全线水情的实时了解,针对存在问题可实现快速查询。

可随时查看日常水情数据情况,对全线水情数据进行监测,并通过全线水情展示对水情数据进行展现,包括对新增测点水情数据的展示。设置筛选中可选择所需条目,显示需查看的水情数据,查询数据过程中可对无须查看的数据条目进行隐藏,实现所需数据的高效查询与使用。查询设置后进行条目展示,仅展示或隐藏当前筛选内容,不对调整设置进行保存。对已设置的筛选条目信息,可进行记录保留,便于后期再次查看进行信息筛选。

2. 节制闸水情数据

可通过对时间查询的方式实现节制闸水情情况的查看与展示。

节制闸的时间分布功能支持自定义起止时间进行查询,选择开始时间及结束时间,在该查询时间段内确定采集频次。提供 0.5 h、1 h、2 h、1 d 的采集频次选择频次范围。

通过显示字段可选择目标开度、开度、闸前水深、闸后水深等字段的显示,显示对应字段的数据值。

进行查询检索信息后,节制闸的时间分布页面展示所选择信息所对应的时间、采集频率、显示字段的信息段及数据。

对闸前及闸后水位、瞬时流量、水位差、流速等数据设置阈值范围,在正常范围内展示对应数据,若超出或低于设定范围值则在展示中对异常数据进行标红显示。

节制闸时间分布展示通过可视化图形展示水位分析变化情况,选择不同的节制闸点,可对该节制闸点进行 24 h 内的闸前水位分析展示,可查看 24 h 内闸前或闸后具体水位趋势图。数据导出可根据已有 Excel 模板选择标准模板或普通模板,实现导出数据文件的统一性。

根据选择时间,实现具体时间点的数据查询,可快速查询控制闸的已有信息及控制闸的相关情况。

控制闸的时间分布功能支持自定义起止时间的查询,选择开始时间及结束时间,在该查询时间段内确定采集频次。通过显示字段筛选可选择不同条目,筛选后可显示对应字段的数据值。

进行查询检索信息后,控制闸的时间分布页面展示所选择信息的对应信息段及数据,包括时间、采集频率、显示字段。

总调可提供调令录入预览与批量下达的功能;管理处可对数据信息修改或增加数据;支持对数据的监控,对水情等数据设置阈值范围,根据范围要求对数据进行审核并弹出对应信息框进行提醒,所查询数据可通过选择导出标签进行导出,导出文件以 Excel 形式进行汇总。

3.分水口水情数据

分水口根据日报反馈情况,选择隐藏未启用的分水口,可对已启用的、未分水的口门、退水闸进行标注。根据需求,分别对正常供水、生态供水进行分区水情数据查看,可将以往的水量按照正常供水和生态供水进行区分。

分水口在分区查看的基础上,可通过时间查询的方式实现分水口水情情况的查看与展示。提供生态分水与正常分水区分功能,各部门可根据部门需求自由调整是否显示生态水量,是否显示日生态流量、日生态水量、累计生态水量等数据的详细信息。

分水口时间分布功能支持自定义起止时间进行查询,自定义选择开始时间及结束时间,在该查询时间段内可选择采集频次,提供 0.5 h、1 h、2 h、1 d 的采集频次选择频次范围。

通过显示字段筛选,选择需展示的数据内容,进行查询检索信息后,分水口时间分布页面展示所选择信息对应的时间、采集频率、显示字段的信息段及数据,实现退水闸水情情况展示,并支持模拟数据分析展示,可对退水闸数据流量实现模拟数据分析。根据退水闸流量数据系统中已有的退水闸流量及累积量,每半小时自动追加退水闸瞬时流量,通过计算公式计算累计分水量:累计分水量=瞬时流量×1 800/10 000+前半小时累计分水量,计算得到退水闸的瞬时流量及累计分水量。通过对退水闸流量的记录,在瞬时流量发生变化时,累计分水量中的瞬时流量数据可自动更换。

当由于网络原因,遇到退水闸数据无法推送的情况,可待网络恢复后,进行数据恢复,自动将断网期间丢失的退水闸数据进行补充。

可通过选择时间点、字段筛选展示该时间点各个退水闸的数据情况,提供数据修改、订正功能,退水闸数据可实时更新。

4.水情数据校正

该模块在管理处数据加载完毕后,可对累计偏差数据进行修改或增加,确认数据无误后可点击监控完成,结束操作。每 0.5 h 需要中控室监测并完成水情数据的修改工作。

分调下达数据校对指令后,0.5 h 内系统将会提示相关用户尽快完成操作,当分调辖区内节制闸、分水口等水情累计偏差数据完成审核后进入复核阶段,若需要则进行水情数据修改,数据无误后进行上报操作。

5.3.2.2　水情要素分析

水情要素分析功能包括全线水情统计分析、全线水体统计分析、全线流速统计分析、全线水深统计分析及全线温度统计分析,通过分析来了解闸口的基本相关情况。

1.全线水情统计分析

全线水情统计分析可对全线不同渠道断面的流量、累计流量进行统计分析,并计算极值。

2. 全线水体统计分析

通过选择起始及截止时间,展示该时间段内渠首至穿黄、穿黄至漳河、漳河至古远河、古远河至北拒马河及全线总水体中各阶段的实施水体及涉及水体数据。可对实时水体数据进行添加、修改、删除,并选择 Excel 模板将数据导出。

根据水体情况,固定在每天 6 时、14 时、22 时自动计算,并根据具体需求完成所需水体数据的计算:在任意时间内全线水体数据的计算;任意时间、任意区间内的水体情况计算。

根据特定时间点选择需要进行水体计算的渠段水位,可选择指定范围在此基础上增加或减少一定数值,实现水位的假定水体计算。

根据选定渠段和指定水体、流量,可实现假定水体的水位反算。

3. 全线流速统计分析

全线流速统计分析支持选择时间点,查询该时间点前 12 h 全线流速统计数据,按照间隔 1 h 进行数据展示,显示节制闸的名称、安装位置及各时间点的全流速统计极值。

4. 全线水深统计分析

全线水深统计分析支持选择具体时间点,查询该时间点各闸口对应的瞬时信息,包括闸前渠底高程、闸后渠底高程、设计水位、闸前水位、闸后水位、闸前渠道水深、闸后渠道水深、当前水位与设计水位差等数据极值统计分析。

5. 全线温度统计分析

全线温度统计分析支持选择具体时间点,查询该时间点各闸口对应的温度数据极值统计分析。

5.3.2.3　水情预测预警

水情预测预警模块是基于中线工程产生的长序列历史调度数据和水力学机制,分析不同闸门开度调整后非恒定流条件下的水力响应特性。研究某个节制闸发生开度调整时,临近上下游渠段的水位、流量随时间的变化规律,以及随着水位、流量、开度等监测数据不断更新,水力参数或相关模型的自动修正;至少选择 3 组连续多个渠段组成的渠段群,分析当多个节制闸同时发生水位、流量调整时的水力要素变化规律。利用统计学机器学习方法来训练分析 2017—2022 年度的全线水情数据,建立水情数据中闸门开度、水位、流速等参数的特征向量矩阵,使用有监督的训练方式来构建渠道水位预测的神经网络模型,预测模型将作为系统的重要支撑预测算法部署在应用服务器中,可实现未来 12 h 内的不同闸门的水位预测和分析,对未来可能发生的异常情况发出预警提示,以便调度人员做出相应的分析参考和情况准备。

预测预警模块可在预下达指令操作时对未来水位的数据进行可视化展示,将数据信息转化为图标信息随时间的变化而展现,能够便于调度人员的观察、模拟和计算。

5.3.2.4　历史数据统计

可通过数据查询页面实现数据的查询展示,提供闸控原始数据查询,协助定位原始数据,实现历史备份信息数据的备份和迁移并可在历史表中进行查询。根据需求可实现单维度、多维度组合查询;支持一个或多个水情数据匹配程度的反向查询;可实现多个闸门、多个条件联查;支持根据优先度得出的近似匹配结果。并可通过节制闸、分水口多维度数据查询获得原始数据信息。

节制闸数据查询:展示所选择时间点节制闸的原始基本信息,包括节制闸名称、桩号、闸前及闸后自动水位高度、目标开度及实际开度情况、闸前和闸后水深、瞬时流速等信息。提供时间段选择,按照设定采集频次及显示字段展示在该时间段内节制闸闸前及闸后的水位高度、开度高度、瞬时流量、闸前与设计水位差等原始数据,根据所选择采集频次分别显示该时间段内数据情况。

分水口及退水闸数据查询:提供原始分水口及退水闸数据查询,展示所选择时间点分水口或退水闸原始基本信息,包括分水口或退水闸名称、桩号、目标开度及实际开度情况、瞬时流速、年度累计分水量等信息。根据需查询时间段内信息选择开始及结束时间,确定采集频率及显示字段,展示所选分水口或退水闸相关信息。按照采集频率显示该时间段内分水口或退水闸目标开度的实际开度情况、瞬时流量、总瞬时流量、闸前水位及水深、当日累计分水量、设计分水流量等信息。

查询到相关数据后,可选择所需数据条目确定需导出的数据内容,通过选择导出标签按照可选时间段实现数据导出。

5.3.2.5　水情数据清洗

在水情数据清洗功能中收集整理中线工程运行调度过程中产生的长序列调度数据,分析各类异常数据产生的原因,并对异常情景进行分类,建立数据质量评价和清洗模型,实现服务于调度的各类监测信息的数据清洗,提高历史和实时监测数据的可靠性。同时,分析单点数据异常和空间多点数据倒挂形成的原因,并提出修正方法。本页面中通过数据清洗对闸控数据推送的水情数据进行重新审查,根据标准对数据进行校正和筛选,并保证数据一致性。用户可查看每个字段的处理规则,并可对一个或多个字段添加清洗要求。

5.3.3　调度指令平台

基于现有的指令流转模式,系统重新设计平台间新的指令流转模式,实现指令在输水调度平台、水量调度系统、闸站监控系统中自动化审核流转。

通过可视化显示功能,更清晰、直观地展示调令流转节点,使调令流程及所在转折点更为清晰,将流程及数据转换成图形或图像进行展示,合理运用页面布局,便于对调度流程信息的理解及操作。

在平台中加入了基于数据挖掘的闸门参数辨识功能,能够直接体现闸门当前的过流系数,并通过流量/开度的调整需求,简洁明了地计算出相应调整的流量/开度。

5.3.3.1　调令审核平台

调令审核平台提供调度指令录入、下发执行以及调令流转服务。该模块可以由总调或者分调进行调度指令录入,可对录入的调令进行修改和下发执行操作。系统将会根据产生调令的部门对调令进行不同流程的流转。对于总调生成并下达的调度指令,调度指令将按照由总调发出、分调接收分发、中控室接收、中控室反馈、分调复核并上传、总调复核接收的流程执行。而对于分调生成的调令,将按照分调发出、中控室接收、中控室反馈、分调复核并接收的整个流程执行。所有下达的指令都将推送给水量调度系统,由水量调度系统推送给闸控系统,闸控系统远程操控闸门动作。

1. 调令生成管理

该模块可对总调或分调生成的调度指令进行录入、编辑操作。调度操作人员可在调令生成模板中添加对应调令信息生成调令。录入调令时系统将会根据操作者自动带出录入发令人及发令时间等基础信息,调度人员可根据调令情况录入调令下达的分调名称、操作节点及名称、操作方式、闸门调整值及目标开度等关键信息。指令生成后,可在该页面核对指令是否正确,并对指令进行修改。

调度操作人员可以在调令生成管理模块对已下达且未完成的调令进行修改等调整调度指令内容的操作,通过调度操作管理只能进行接收、反馈、转发等调度指令流转的操作。调令下达完成后可在指令列表中浏览已下达的指令。调令下达部门后,可对该部门产生的已下达且未完成的调令进行编辑操作。修改后的调令信息再次保存后可同步更新,并提供调令信息已更新提示。调令执行完成后不可通过该模块查看修改,可以在历史指令查询中查看已完成调令。

2. 调度操作管理

该页面可查看指令批次信息和该批次所含每条指令详细内容。批次明细中展示批次编号、发令人、发令时间及当前批次状态等信息,通过展示已完成指令数量及指令总数量关系(已完成数量/指令总数量)反映分调指令执行情况,并对调令执行情况进行汇总展示。选择具体批次名称后,可在指令明细中查看该批次指令信息,包括指令编号、状态及下达至中控室相关信息,并显示指令内容。根据指令执行情况分别显示对管理处应节制闸、退水闸口、分水闸口、控制闸闸号的执行完开度情况及执行结果,包括执行完成情况、纠偏前开度等信息。指令明细中展示对应指令的发令人、发令时间、操作闸门、操作内容、执行完开度等指令执行信息。

调度操作管理页面将根据所属部门提供不同的查看权限及调度指令操作。总调部门在完成指令下发后可在该页面查看总调下发指令的批次信息及批次中所含每条指令的详细信息。总调可在该模块查看下发后的指令执行状态,下发指令由分调汇总上传时复核并确认接收该批次指令,指令由总调确认接收后可在历史指令查询页面查看该条指令信息。

分调可查看总调下发至该分调的指令批次或该分调下达的指令批次的批次信息及该批次所含指令的详细内容。对于总调下发的指令批次,分调在总调下发后可确认接收并转发至相应管理处执行,在该批次指令涉及的所有管理处均接收到反馈指令后,可将接收信息汇总并上传至总调。对于该分调下发的指令,分调可查看该批次指令详细内容并在管理处接收反馈指令后进行并完成核对,完成后的指令可在历史指令查询页面查看该批次所有指令的详细信息。

中控室查看由总调或分调产生并下发至该管理处指令的详细内容,无法查看该批次信息及批次指令完成状态。对于总调下发或者分调下发的指令,中控室都可在指令转发至中控室时确认接收该指令并执行相应操作,在确认完成指令内容后填写完成信息并反馈至分调。

5.3.3.2　平台调令转发

平台调令转发可以提供专网各个系统平台之间调度指令流转服务。平台将根据相应配置接收来自水量调度系统的指令进行审核处理，同时向水量调度系统推送调令审核平台模块录入的下发执行的调度指令。

对于系统调令审核平台产生的指令，系统将直接推送至水量调度系统，由水量调度系统推送至闸控系统，闸站监控系统将根据接收到的指令详细内容操作闸门执行相应动作。系统平台产生的指令分为两类，一类为人工下达指令，另一类为系统根据当前水情信息和调水计划自动生成的批次指令，调令生成算法参考 CRF（条件随机场）预测模型。

对于来自于水量调度系统的指令，将会对接收到的指令进行审核，如有不符合实际水情状况的指令操作，调度值班人员有权进行修改操作。在调度值班人员将调度指令审核完成后会将指令下发执行，同时将会把修改完成的指令推送至水量调度系统，由水量调度系统将指令推送至闸控系统，通过闸控系统操作闸门执行相应动作。下发执行的指令通过指令将执行总调发出、分调接收并分发、中控室接收、中控室反馈、分调复核并上传、总调复核接收的整个流程。在总调确认接受后将指令归并在历史指令中，可通过历史指令查询进行查看。

5.3.3.3　调度指令统计

调度指令统计分别将总调、分调、管理处调令执行情况进行统计汇总。可选择查询时间段，确定开始时间及结束时间，显示在该时间段内调度指令执行情况，包括指令下达时间、操作门次、成功门次、失败门次、远程/现地、记录人等。若不选择具体时间段，则默认显示本月指令的下达时间、操作门次、成功门次、失败门次、远程/现地、记录人等信息。

数据查询页面可选择指定闸门进行数据查询，显示该闸门相关指令情况，包括指令下达时间、操作门次、成功门次、失败门次、远程/现地、记录人等。

对所查询调度指令数据支持数据文本导出，选择不同的报表模板将调度指令统计数据导出。

5.3.3.4　历史指令查询

历史指令查询功能可通过批次号输入查询具体批次指令内容信息。支持选择分调或中控室名称、选择操作闸门、开始及结束日期查询调令信息，可同时显示各分调或中控室在指定时间日期内指令内容，包括指令批次编号、完成时间、指令内容、指令执行情况等信息。指令执行情况包括各节制闸、退水闸口、分水闸口、控制闸的闸号所对应的执行完开度情况，及完成情况、纠偏前开度情况等指令执行结果，并在对应指令批次编号条目中显示总调发令人、分调发令人等相关信息。

查询指令数据内容后，可通过选择对指令条目导出指令标签实现指令信息内容的下载。选择所需的时间区间，按照天数或月份下载对应区间内的指令条目，并以报表形式将调令信息导出。导出文本包含指令模板中所填写的全部内容，包括指令基本情况、指令内容及指令执行情况，可以按照批次、单位、闸门、时间等条件查询和导出，具体内容包括发话人姓名、受话人姓名、发令时间、对应闸口的闸号、执行完开度情况、成功或失败执行结果及现纠正完成执行情况等内容。

5.3.3.5　基于数据挖掘的闸门参数辨识

本模块是基于清洗后的水情数据、工情监测数据,利用流态判别条件确定节制闸过闸流态,并按流态选取相应的过闸流量计算公式。考虑不同工况下传统流量公式中节制闸综合流量系数(简称综合流量系数)与闸孔开度、闸前水位、闸后水位等影响因素的相关关系,建立闸门参数辨识模型。该模型可识别不同工况下综合流量系数与各影响因素之间线性函数、对数函数、指数函数、幂指函数四种曲线形式,从而构建节制闸水力参数与运行状态的函数关系,为一维非恒定流数值模拟模型提供可靠的内边界条件。闸门参数辨识这部分在系统中是在调度指令平台增加了一个"计算器"的功能,即可通过输入调整流量,计算出调整开度;或输入调整开度,计算调整流量,并显示过闸流量系数的计算结果。该功能能够协助调度人员快速确定不同场景下闸门开度与过闸流量之间的对应关系,并给出相对合理的开度调整值下达调度指令,方便快捷的同时也降低了出错的风险。

5.3.4　值班考勤管理

值班考勤管理针对排班情况、值班情况进行展示,实现值班人员快速签入签出,明确值班负责时间及交接班记录,实现责任明确到具体值班员,做到问题可找、操作可查。

除完成基本考勤管理制度外,可通过管理平台进行日常日志报备及记录,通过可视化界面完成工作信息的流程发送及工作日志的记录存档。通过可视化显示功能,更清晰、直观地展示值班人员工作模块,流程及日志输入条目清晰,将流程及数据转换成图形或图像进行展示,便于对值班考勤管理的理解及操作。

值班考勤管理模块主要包括值班签入签出、值班考勤统计、调度工作日志、值班交接记录、值班替班记录等功能。

5.3.4.1　值班签入签出

1. 值班人员签入签出功能

值班签入签出模块通过值班人员及管理人员签到、编辑操作功能完成值班人员信息统计。

选择签入签出标签,进入签入或签出页面,调出签入签出面板,选择值班人员身份,确定值班人员为值班长或值班员,自主选择对应值班人员值班日期,并选择早班或晚班。根据实际值班人员,选择值班员信息。系统自动确认进入签入签出面板的时间,完成签入或签出时间录入,待所有信息填写完成后可点击签入或签出标签,完成值班签入及签出功能操作。

未及时进行签入、签出操作的值班员可在值班签入签出功能标签中选择补签标签完成签入或签出的补签。进入签入签出补签面板,选择值班人员身份,确定值班人员为值班长或值班员,自主选择对应值班人员值班日期,并选择早班或晚班。根据实际值班人员,选择值班员信息并填写补签签入或签出时间。

2. 临时签入签出

在出现应急状况后,可通过临时签入签出标签增加值班员,补充增加值班员信息配合原有值班员完成应急情况。

3. 签入签出管理

管理人员通过登录值班签入签出考勤管理系统可对异常的签入签出进行操作,进入异常签入签出模块后,可选择各部门异常签入签出信息条目。对值班人员姓名搜索后,可查询该值班人员所产生的异常签入签出信息。包括异常签入签出值班人员姓名、签入签出时间、值班人员职务(值班长或值班员)、值班类型(早班或夜班)等信息。管理人员可选择指定的签入签出对签入或签出时间进行删除,对于异常考勤记录可以进行删除,并清空异常记录。

可对异常签入签出信息、管理人员清空异常签入签出记录操作、值班人员补签记录等签入签出操作进行统计,管理人员及考勤人员可及时查看统计信息内容。

总调管理人员可对值班人员签入签出错误或异常条目进行删除。

5.3.4.2　值班考勤统计

1. 考勤统计查询

通过值班考勤统计可对各时间段值班人员值班考勤数据进行查询。

在考勤页面功能标签中选择需查询的值班部门及起始日期、截止日期进行考勤统计查询。

页面展示信息包括值班人姓名、对应工作日值班情况(不包含节假日及周末)、法定节日(不包含周末)值班情况、周末值班情况。各类值班情况信息分别包含白班(8:00—20:00)计划值班天数、实际值班天数,夜班(20:00—8:00)计划值班天数、实际值班天数。

2. 节假日信息录入

进入节假日设置管理模块,选择起始日期及截止日期,可查询该时间段内所录入节假日信息,对应各个日期进行节假日类型说明。通过录入标签,管理人员在法定节假日管理页面录入法定节假日信息,选择节假日起始时间、结束时间,并输入节假日名称说明,完成节假日管理。

5.3.4.3　调度工作日志

调度工作日志将启动新设计日志模板,自动带入记录人、记录时间和值班时段的水情简报。

值班人员需填写工作日志,可通过选择添加标签进行值班日志填写,并在日志填写模块中选择新模板进行日志填写。通过进入工作日志工作界面可直接填写工作日志信息,在可视的简单界面录入,结合填写文本内容选择对应选项并提交日志内容。

1. 日志填报

日志填写过程中,可根据记录人所登录的账号信息自动添加记录人相关信息,并自动添加日志填报时间。其中自动添加内容包括:值班部门、录入人员、值班日期及录入时间相关信息,可人工对值班班次(白班或夜班)、最高及最低温度、值班长及值班员姓名、值班记录等内容进行手动添加填写。对模板中需填写的内容进行分类划分,将需填写信息更合理、更直观的方式体现,通过统一的模板框架提高日志填写效率。

2. 日志汇总及查询

值班结束后完成日志录入,生成日志将该值班时间段内所添加的日志内容自动汇总至工作日志模板中,日志情况内容可在工作日志模块进行日志查询。

在调入工作日志模块中,可对已填写工作日志进行查询搜索。通过选择查询值班部门名称,确定起始日期及截止日期,可对调度工作日志进行查询。页面的查询展示内容包括部门名称、对应工作日志日期、值班班次信息、温度情况(显示最高及最低温度)、值班记录内容、值班人员(值班长及值班员)等信息。

调度工作日志填写提交后,当值值班长和管理员可以修改、删除调度工作日志。对已录入调度工作日志可支持文本导出,可对所需条目进行选中,将选中条目按照不同时间区间,如按天数或月份进行导出,导出内容可以选择相应的报表文件导出。导出输水调度工作日志文件中包含值班部门、值班班次(白班或夜班)、值班日期及时间录入、最高及最低温度填写、值班长及值班员姓名、值班记录等在日志模板中所填写的全部条目内容。

5.3.4.4　值班交接记录

值班交接记录启动新设计交接记录报表,可通过进入值班交接模块进行填写。

1. 交接记录填写

总调、分调、中控室值班人员用可视、简单的界面录入,结合文本内容填写、选择对应选项提交日志内容实现值班交接记录。通过选择添加标签进入新增值班交接记录页面,并启动新的报表工具,在报表中填写值班部门、值班日期、值班班次(白班或夜班)、当前运行情况信息、选择主要事项内容(工作日志、电话指令、调度监控记录、文件存档、卫生情况或自动化调度系统)、未完成事项、其他注意事项、交班信息(包括值班长与值班员姓名信息)及接班信息(包括值班长与值班员姓名信息)。

完成交班记录信息录入后,通过选择提交标签,各部门将所录入交接记录展示在该模块中。对于未完成事项,在交接班记录过程中,将对未完成事项进行相应提示,待接班人员登入平台后,可对未完成事项产生相应信息提醒,并正确显示未完成事项情况。

2. 交班记录汇总及查询

完成值班交接记录提交后,值班交接记录将自动记录到值班交接模块中,可在值班交接模块进行交接班记录查询。

在值班交接模块中,可对已填写值班交接记录进行查询搜索。通过选择值班部门、查询时间段的起始日期及截止日期展示值班交接信息,展示交接值班部门、交班时间、当前运行情况信息、选择主要事项内容(工作日志、电话指令、调度监控记录、文件存档、卫生情况或自动化调度系统)、未完成事项、其他注意事项、交班信息等内容。

通过修改、删除标签可对已提交的值班交接记录进行修改或删除。

选择对应值班交接记录条目可通过导出值班交接信息标签将值班记录导出。可对所需条目进行选中,将选中条目按照不同时间区间,如按天数或月份进行导出,导出内容以报表文件形式展现。导出文件内容包含交接班记录时间、当前运行情况、主要事项、未完成事项、其他事项、交班值班员与值班长、接班值班员与值班长姓名信息等模板中所填写的全部交班信息内容。

5.3.4.5　值班替班记录

总调、分调及中控室原值班人员由于事由无法按时完成值班任务时,可由其他工作人员代替该值班员值班。进入值班考勤管理功能模块后,进行值班替班记录,填写具体的替班情况信息,完成值班替班记录。

填写内容包括原值班人员个人信息、值班部门、值班日期、值班班次(白班或夜班)、未能值班原因及替班人员信息(包括值班长与值班员姓名信息)。

完成替班记录信息录入后,通过选择提交标签,将所录入替班记录展示在该模块中,并可实现记录查询。

第 6 章　主要结论与建议

6.1　主要结论

(1)在精准感知方面,构建了长距离明渠水情监测数据治理及非恒定流精准模拟技术。中线总干渠全长 1 432 km,沿线仅布设了 150 多个水情监测站点,难以实现全线水位、流量的覆盖感知。特别是汛期、冰期受局地降雨、冰情演化、闸群动态调控等多重扰动影响,容易出现监测数据倒挂现象。为此,研发了解决水情监测数据倒挂难题的系统治理方法,实现了全线水情数据的时空一致性校验;构建了数据驱动的水力参数动态识别模型和一维非恒定流快速模拟模型,实现了特殊输水期总干渠 59 个渠池目标流量下水面线的快速推演,多渠池水位、流量 7 d 非恒定流连续模拟相对误差分别小于 1% 和 5%。

(2)在汛期调度方面,建立了汛期降雨扰动下的水量水力协同优化调控技术。中线工程汛期降雨事件易发、频发,雨前预降水位不足容易产生被动弃水,降雨过程中局地暴雨、高地下水等众多因素导致水位控制难度大。特别是极端暴雨条件下外部扰动加剧,威胁工程安全和供水安全。为此,研发了串联渠池蓄量滚动优化调控模型,对 2021 年郑州 "7·20" 特大暴雨事件预降水位过程进行优化模拟,总干渠被动退水量减少 70%;构建了闸群水力预测与优化控制方法,实现降雨过程中 24 h 内闸前水位超警时间平均减少 70% 以上;提出了雨区下游口门的优化分区供水方案,有效应对了交叉河道超标洪水影响总干渠过流、保障下游重要城市供水安全的难题。

(3)在冰期调控方面,构建了冰期冰害防控约束下的输水能力提升方法。中线工程安阳河以北渠道冬季存在结冰现象,为了稳定冰下输水、防止冰塞冰坝事故,需降低输水流量。在此条件下,京津冀受水区水资源供需矛盾突出,提升冰害防控要求下的输水能力尤为迫切。为此,基于长序列监测资料,识别了适用于中线工程的冰害防控水力条件,确定了 26 个关键断面的冰期输水流量阈值;建立了冰期输水状态时空优化方法,通过冰情生消过程的定量精准预测,延长了各渠段冬季正常流量的输水时间;研发了调水系统工况切换优化调控模型,将正常输水与冰下输水的切换时间由 7 d 缩减至 3 d,进一步延长了正常流量输水时间,最大程度提升了工程输水能力。

(4)在高效管控方面,创建了信息-指令-业务多流程跨层级协同管控模式。中线工程年均下发调度指令约 5 万门次,汛期、冰期指令占比达 60%。调度过程中,指令执行可靠性要求高,信息、人员、设备等多维要素调度管理难度大。为此,提出了基于闸站自动监测和视频自动跟踪的远程指令执行双重保障模式,将全线 500 余座闸站指令执行成功率由 97% 提升至 100%;研发了多要素高效协同的中线输水调度综合管理平台,降低调度人员工作强度 70% 以上,单次调度业务完成时间由 90~150 s 缩短至 40 s 以内,整体效率提升 60% 以上。

6.2　研究建议

（1）耦合降雨过程的调水工程一维水动力模型以引入率定完成的下垫面不均匀系数进行降雨入渠的计算，该系数需提前率定，以保证感知的可靠程度，考虑系数的自动率定模型直接耦合调水工程一维水动力模型以简化操作过程。

（2）串联闸群水力预测调控方法能够应对的扰动极限尚不明确，可能存在未能预料的扰动导致调控失败，可考虑在滚动周期内对水情偏离预测的状态进行监测，发生异常时及时反馈，调整调控策略。

（3）冬季冰期输水调度方案的优化是保证渠道运行安全和提高渠道供水能力的关键问题，而确保数据来源的可靠性和准确性则是这项研究的基础，需规范或提高气象、水力、冰情数据的质量和精度，对相关闸站的气象、调度数据开展检测或率定工作。

（4）建议后续研究中能够引入大数据平台，对精细化监测数据进行滤波处理及实时存储，为各个模型的应用提供精度保障。

参考文献

[1] 廖书妍. 数据清洗研究综述[J]. 电脑知识与技术,2020,16(20):44-47.

[2] 叶鸥,张璟,李军怀. 中文数据清洗研究综述[J]. 计算机工程与应用,2012,48(14):121-129.

[3] 郭志懋,周傲英. 数据质量和数据清洗研究综述[J]. 软件学报,2002(11):2076-2082.

[4] Galhardas H,Florescu D,Shasha D,et al. An extensible framework for data cleaning[C]//IEEE 16th International Conference on Data Engineering. San Diego,California,2000,33(2):312.

[5] Jaffe A E,Hyde T,Kleinman J,et al. Practical impacts of genomic data "cleaning" on biological discovery using surrogate variable analysis[J]. BMC Bioinformatics,2015,16(1):137-148.

[6] Long H,Xu S H,Gu W. An abnormal wind turbine data cleaning algorithm based on color space conversion and image feature detection[J]. Applied Energy,2022,15(1):311-323.

[7] Schlomer G L,Bauman S,Card N A. Best practices for missing data management in counseling psychology [J]. Journal of Counseling Psychology,2010,57(1):1-10.

[8] 王大玲,于戈,鲍玉斌,等. 一种面向数据挖掘预处理过程的领域知识的分类及表示[J]. 小型微型计算机系统,2003(5):863-868.

[9] Lueebber D,Grimmer U. Systematic development of data mining based data quality tools[C]//29th VLDB. Berlin,Germany,2003,548-559.

[10] 宋小刚,李德仁,华锡生,等. 基于数据仓库技术的大坝资料分析与安全决策系统研究[J]. 河海大学学报(自然科学版),2006(3):280-284.

[11] Chaudhuri S,Ganti V,Kaushik R. A primitive operator for similarity joins in data cleaning[C]//22nd International Conference on Data Engineering. Atlanta,USA,2006:5-16.

[12] Zhang A,Song S,Wang J,et al. Time series data cleaning:from anomaly detection to anomaly repairing [C]. Proceedings of the VLDB Endowment,2017,10(10):1046-1057.

[13] Shumway R H,Stoffer D S. An approach to time series smoothing and forecasting using the em algorithm [J]. Journal of Time Series Analysis,1982,3(4):253-264.

[14] Kalman R E. A new approach to linear filtering and prediction problems[J]. Journal of Basic Engineering,1960,82(1):35-45.

[15] Welch G,Bishop G. An introduction to the Kalman Filter [R]. North Carolina:University of North Carolina at Chapel Hill,1995.

[16] Bohannon P,Fan W,Geerts F,et al. Conditional functional dependencies for data cleaning[C]//IEEE 23rd International Conference on Data Engineering. Istanbul,Turkey,2007:746-755.

[17] 严英杰. 基于大数据分析技术的输变电设备状态评估方法研究[D]. 上海:上海交通大学,2018.

[18] 孙纪舟,李建中. 基于能量过滤的不确定时间序列数据清洗方法[J]. 智能计算机与应用,2019,9(4):1-5,12.

[19] 孟庆煊. 基于立体感知的智慧水务大数据清洗算法研究[D]. 北京:北京工业大学,2019.

[20] Shahri H H,Shahri S H. Eliminating duplicates in information integration:an adaptive,extensible framework[J]. IEEE intelligent systems,2006,21(6):63-71.

[21] 孙一清,李德营,殷坤龙,等. 三峡库区堆积层滑坡间歇性活动预测:以白水河滑坡为例[J]. 地质科技情报,2019,38(5):195-203.

[22] 曹玉升,畅建霞,黄强,等. 南水北调中线输水调度实时控制策略[J]. 水科学进展,2017,28(1):133-139.

[23] 杨开林. 长距离输水水力控制的研究进展与前沿科学问题[J]. 水利学报,2016,47(3):424-435.

[24] 王浩,王建华,秦大庸. 流域水资源合理配置的研究进展与发展方向[J]. 水科学进展,2004(1):123-128.

[25] 赵勇,裴源生,王建华. 水资源合理配置研究进展[J]. 水利水电科技进展,2009,29(3):78-84.

[26] Cohon J L,Marks D H. Multiobjective screening models and water resource investment[J]. Water Resources Research,1973,9(4):826-836.

[27] 李雪萍. 国内外水资源配置研究概述[J]. 海河水利,2002(5):13-15.

[28] 卢华友,沈佩君,邵东国,等. 跨流域调水工程实时优化调度模型研究[J]. 武汉水利电力大学学报,1997(5):11-15.

[29] 王银堂,胡四一,周全林,等. 南水北调中线工程水量优化调度研究[J]. 水科学进展,2001(1):72-80.

[30] Haimes Y Y,Hall W A. Multiobjectives in water resource systems analysis:The surrogate worth trade off method[J]. Water Resources Research,1974,10(4):615-624.

[31] Buyalski C P,Falvey H T,Rogers D S,et al. Canal Systems Automation Manual:Volume 1[M]. Denver, Colorado:U. S. Bureau of Reclamation,1991.

[32] Rogers D C,Goussard J. Canal control algorithms currently in use[J]. Journal of Irrigation and Drainage Engineering,1998,124(1):11-15.

[33] Wahlin B T. Performance of model predictive control on ASCE test canal 1[J]. Journal of Irrigation and Drainage Engineering,2004,130(3):227-238.

[34] Van Overloop P J,Clemmens A J,Strand R J,et al. Real-time implementation of model predictive control on Maricopa-Stanfield irrigation and drainage district's WM canal[J]. Journal of Irrigation and Drainage Engineering,2010,136(11):747-756.

[35] Hashemy Shahdany S M,Maestre J M,Van Overloop P J. Equitable water distribution in main irrigation canals with constrained water supply[J]. Water Resources Management,2015,29(9):3315-3328.

[36] Xu M,Van Overloop P J,Van de Giesen N C. Model reduction in model predictive control of combined water quantity and quality in open channels[J]. Environmental Modelling & Software,2013,42(1):72-87.

[37] Cui W,Chen W X,Mu X P,et al. Canal controller for the largest water transfer project in China[J]. Irrigation and Drainage,2014,63(4):501-511.

[38] Shang Y Z,Rogers P,Wang G Q. Design and evaluation of control systems for a real canal[J]. Science China Technological Sciences,2012,55(1):142-154.

[39] 崔巍,陈文学,穆祥鹏,等. 南水北调中线总干渠冬季输水过渡期运行控制方式探讨[J]. 水利学报,2012,43(5):580-585.

[40] 游进军,林鹏飞,王静,等. 跨流域调水工程水量配置与调度耦合方法研究[J]. 水利水电技术,2018,49(1):16-22.

[41] Zhu J,Zhang Z,Lei X H,et al. Optimal regulation of the cascade gates group water diversion project in a flow adjustment period[J]. Water,2021,13(20):2825.

[42] 张春杰,毕玉娟. 中国历史上的大水灾[J]. 乡镇论坛,1994(9):16.

[43] 韩强,谢永刚,姜宁. 1932年松花江大洪水对哈尔滨市经济影响[J]. 边疆经济与文化,2021(1):19-27.

[44] 崔青海,田立暄. 松花江1998年大洪水及洪涝灾情[J]. 东北水利水电,2000,18(1):41-43.

[45] 丁一汇. 论河南"75·8"特大暴雨的研究:回顾与评述[J]. 气象学报,2015,73(3):411-424.

[46] 任宏昌,张恒德. 郑州"7·20"暴雨的精细化特征及主要成因分析[J]. 河海大学学报(自然科学版),2022,50(5):1-9.

[47] 尹航,王文君,吴英杰,等. 南水北调中线京石段降雨序列特性分析[J]. 水资源与水工程学报,2016,27(4):113-118.

[48] 王文川,尹航,邱林. 汛期降雨对南水北调中线干线京石段工程渠道水位影响[J]. 南水北调与水利科技,2015,13(2):387-390.

[49] 南水北调中线工程建设管理局总调中心. 输水调度应急手册[R]. 北京:南水北调中线工程建设管理局,2017.

[50] 司春棣. 引水工程安全保障体系研究[D]. 天津:天津大学,2007.

[51] 张紫依,刘爽,崔巍,等. 局地暴雨对南水北调中线水位流量的影响[J]. 水电能源科学,2020,38(5):11-14.

[52] 梁建奎,龙岩,郭爽. 南水北调中线突发水污染应急调控策略研究[J]. 海河水利,2021(6):33-36.

[53] 王浩,郑和震,雷晓辉,等. 南水北调中线干线水质安全应急调控与处置关键技术研究[J]. 四川大学学报(工程科学版),2016,48(2):1-6.

[54] 杨星. 南水北调中线工程Ⅲ级水污染应急调控研究[D]. 北京:中国水利水电科学研究院,2018.

[55] 郑和震. 南水北调中线干渠突发水污染扩散预测与应急调度[D]. 杭州:浙江大学,2018.

[56] 马曼曼. 南水北调中线京石段工程应急输水调度研究[D]. 北京:北京建筑大学,2019.

[57] Tang C,Yi Y,Yang Z,et al. Water pollution risk simulation and prediction in the main canal of the South-to-North Water Transfer Project[J]. Journal of Hydrology,2014,519:2111-2120.

[58] 崔巍,穆祥鹏,陈文学,等. 明渠调水工程事故段上游闸门群应急调控研究[J]. 水利水电技术,2017,48(11):13-19.

[59] 万蕙,黄会勇,闫弈博,等. 长距离渠道闸门故障扰动及小影响应急调度研究[J]. 人民长江,2018,49(13):74-78.

[60] 段文刚,黄国兵,王才欢,等. 大型调水工程突发事件及应急调度预案初探[C]//中国水利学会2008学术年会论文集(下册),2008,252-256.

[61] Cheng C Y,Qian X. Evaluation of emergency planning for water pollution incidents in reservoir based on fuzzy comprehensive assessment[J]. Procedia Environmental Sciences,2010,2:566-570.

[62] He Q,Peng S J,Zhai J,et al. Development and application of a water pollution emergency response system for the Three Gorges Reservoir in the Yangtze River,China[J]. Journal of Environmental Sciences,2011,23(4):595-600.

[63] Wang L,Ma C. A study on the environmental geology of the Middle Route Project of the South-North water transfer[J]. Engineering Geology,1999,51(3):153-165.

[64] 石建杰,杨卓. 南水北调应急排水系统运行方案优化研究:以北京段干线工程为例[J]. 中国农村水利水电,2016(1):117-121.

[65] 聂艳华,黄国兵,崔旭,等. 南水北调中线工程应急调度目标水位研究[J]. 南水北调与水利科技,2017,15(4):198-202.

[66] 房彦梅,张大伟,雷晓辉,等. 南水北调中线干渠突发水污染事故应急控制策略[J]. 南水北调与水利科技,2014,12(2):133-136.

[67] 张成. 南水北调中线工程非恒定输水响应及运行控制研究[D]. 北京:清华大学,2008.

[68] 纪碧华,吴红雨. 乌溪江流域下游特殊干旱期的应急供水方案[J]. 净水技术,2021,40(增刊):86-89,120.